中国国际救援队国际救援行动纪实

中国国际救援队 ◎ 编著

应急管理出版社
·北京·

图书在版编目（CIP）数据

中国国际救援队国际救援行动纪实 / 中国国际救援队编著. --北京：应急管理出版社，2021
 ISBN 978 – 7 – 5020 – 7409 – 8

Ⅰ.①中…　Ⅱ.①中…　Ⅲ.①灾害—救援—国际合作—概况—中国 ②事故—救援—国际合作—概况—中国
Ⅳ.①X4②X928.04

中国版本图书馆CIP数据核字（2021）第044325号

中国国际救援队国际救援行动纪实

编　　著	中国国际救援队
责任编辑	罗秀全
责任校对	孔青青
封面设计	天丰晶通

出版发行	应急管理出版社（北京市朝阳区芍药居35号　100029）
电　　话	010-84657898（总编室）　010-84657880（读者服务部）
网　　址	www.cciph.com.cn
印　　刷	北京盛通印刷股份有限公司
经　　销	全国新华书店
开　　本	710mm×1000mm$^1/_{16}$　印张　14$^1/_4$　字数　208千字
版　　次	2021年4月第1版　2021年4月第1次印刷
社内编号	20210082　　　　　　　定价　88.00元

版权所有　违者必究

本书如有缺页、倒页、脱页等质量问题，本社负责调换，电话：010-84657880

前言 PREFACE

2001年4月27日，经国务院、中央军委批准，国务院副总理温家宝亲自授旗，国家地震灾害紧急救援队，对外称中国国际救援队（Chinese International Search and Rescue Team,CISAR）组建，标志着中国地震救援事业走上了国际化、专业化的发展道路。20年来，这支将"团结协作、不畏艰险、无私奉献、不辱使命"作为指导原则的钢铁队伍，在改革中奋进、在战斗中前行，经受了一次次实战考验，打赢了一场场大仗硬仗，成长为危难时刻抢救人民群众生命财产的可靠力量，在国际救援行动中展示了中国负责任大国形象。同时，这支队伍也成为军地共建、军民融合的典范。

20年来，中国国际救援队的建设和发展得到了党中央、国务院、中央军委的高度重视和亲切关怀，队伍始终坚持"中国特色、世界一流"的发展定位，不断加强自身建设，提高救援能力，并在与国际接轨和国内外重大灾害救援实践中快速发展。2009年，中国国际救援队通过联合国重型救援队分级测评，成为全球第12支、亚洲第2支联合国重型救援队。2014年和2019年，中国国际救援队前后两次通过了联合国重型救援队能力复测，队伍的国际化、专业化水准始终得到国际社会认可。

20年征程，20年砺剑。中国国际救援队经历了从无到有、从小到大，成为国际救援强队的过程，更用不弃不离的大爱，完成了一次次危险而艰巨的生命救援。从遥远的北非阿尔及利亚到伊朗古城巴姆、兄弟邻邦巴基斯坦，从大洋彼岸的海地到新西兰和邻国日本、尼泊尔，中国国际救援队执行了10次国际救援任务。中国国际救援队闻令而动，第一时间赶赴灾区，克服重重困难，凭借过硬的专业素质和顽强的工作作风，担负起抢救生命的光荣任务和崇高使命，用实际行动和救援成效给受援国和受灾民众留下了深刻印象，传递来自中国的关爱，得到了受援国和国际社会的广泛赞誉，为配合中国整体外交和处理国际人道主义事务发挥了重要作用，彰显了一个负责任大国关心世界、关爱生命的崇高形象，同时也体现了中国构建人类命运共同体和建设和谐世界的道义与责任担当。中国国际救援队的良好形象和出色战绩，为中国赢得了荣誉，为中华民族增添了光彩，在中国救援事业和国际人道主义救援史上写下了浓墨重彩的一笔。

本书主要执笔人为刘亢、杜晓霞、许建华、李立、刘本帅、张俊、赖俊彦、张媛、李静、邓铎、王盈、严瑾、原丽娟。

第一章"中国国际救援队发展回顾"由刘本帅执笔。第二章"中国国际救援队国际救援行动"中 2003 年 5 月 21 日阿尔及利亚 6.2 级地震救援由严瑾执笔，2003 年 12 月 26 日伊朗巴姆 6.3 级地震救援由原丽娟执笔，2004 年 12 月 26 日印度洋地震海啸救援由王盈执笔，2005 年 10 月 8 日巴基斯坦 7.8 级地震救援由刘亢执笔，2006 年 5 月 27 日印度尼西亚日惹 6.4 级地震救援由李静执笔，2010 年 1 月 12 日海地 7.3 级地震救援由邓铎执笔，2010 年 9 月巴基斯坦洪灾救援由张媛执笔，2011 年 2 月 22 日新西兰克莱斯特彻奇 6.2 级地震救援由赖俊彦、李立执笔，2011 年 3 月 11 日东日本 9.0 级地震救援由杜晓霞执笔，2015 年 4 月 25 日尼泊尔 8.1 级地震救援由张俊执笔。第三章"新形势下国际救援行动思考"由李立执笔。杜晓霞、刘亢负责拟定本书大纲并组建编写组，许建华、刘亢负责组织专家审阅并完成修改工作，刘亢负责统稿并配合出版社完成出版工作。

本书从策划编写到修改完善，全程得到了中国地震应急搜救中心主任吴卫民和副主任王志秋的高度重视和热情指导，中国地震应急搜救中心研究员贾群林对本书的编写出版给予了大力支持。本书在成稿过程中先后向一些经验丰富的中国国际救援队队员进行了咨询，并获得了宝贵的修改意见，他们是原北京军区某部工兵团刘向阳、刘刚、谭秀珠，解放军总医院第三医学中心（原武警总医院）彭碧波、李向晖、王冠军、张雪梅，中国地震局周敏、王满达，中国地震应急搜救中心曲国胜、李亦纲、卢杰、王念法、王海鹰、索香林、胡杰、何红卫、李尚庆。在此一并表示衷心感谢！

中国国际救援队

2021 年 2 月

目录
CONTENTS

第 1 章　中国国际救援队发展回顾

1.1　队伍发展历程　　2
1.2　队伍建设标准　　6
1.3　队伍国际救援行动简介　　9

第 2 章　中国国际救援队国际救援行动

2.1　在国际人道主义救援舞台的出色亮相　　14
　　　——2003年5月21日阿尔及利亚6.2级地震救援

2.2　第一支出现在巴姆古城的亚洲力量　　35
　　　——2003年12月26日伊朗巴姆6.3级地震救援

2.3　海啸之殇　我们为印尼人民抹去　　56
　　　——2004年12月26日印度洋地震海啸救援

2.4　巴基斯坦之旅　我们负责国际协调　　81
　　　——2005年10月8日巴基斯坦7.8级地震救援

2.5　承载国际友谊的流动医院　　99
　　　——2006年5月27日印度尼西亚日惹6.4级地震救援

2.6 跨越半个地球　我们把同胞带回家　　　　　　　121
　　　——2010年1月12日海地7.3级地震救援

2.7 无惧危险　再次守护中巴友谊　　　　　　　　141
　　　——2010年9月巴基斯坦洪灾救援

2.8 变阵！小快灵的战法　　　　　　　　　　　　155
　　　——2011年2月22日新西兰克莱斯特彻奇6.2级地震救援

2.9 逆境中前行　大船渡我们来了　　　　　　　　172
　　　——2011年3月11日东日本9.0级地震救援

2.10 大国的责任与担当　分区协调人义不容辞　　186
　　　——2015年4月25日尼泊尔8.1级地震救援

第3章　新形势下国际救援行动思考

3.1 国际城市搜索与救援新形势新要求　　　　　　210

3.2 对中国国际救援队未来发展的几点思考　　　　215

附录　中国国际救援队救援行动概略（2001—2017）

第 1 章

中国国际救援队发展回顾

1.1 队伍发展历程

1.1.1 队伍组建

中国地处欧亚板块的东南部,位于两大地震带的交汇部位,是大陆地震最多的国家之一。地震活动呈现频度高、强度大、分布广、震源浅、灾害重的特点。地震救援作为一种有效的地震应急措施,不仅是党和政府以人为本执政施政理念的具体体现,更是拯救生命、减轻损失的需要。实施紧急救援,有效减轻地震灾害,保护人民的生命财产安全,是世界各国政府共同关注的问题,也是国际救援发展的必然趋势。为适应国内外地震紧急救援需要,党中央、国务院高瞻远瞩、审时度势,决定组建一支反应迅速、机动性高、突击力强,能随时执行救援任务的国家地震灾害紧急救援队。2001年4月27日,经国务院、中央军委批准,国务院副总理温家宝同志亲自授旗,国家地震灾害紧急救援队,对外称中国国际救援队(China International Search and Rescue Team,CISAR)正式组建,代表国家执行国际人道主义救援任务。按照"一队多用、专兼结合、军民结合、平战结合"的原则,救援队由北京军区某部工兵团官兵、武警总医院医务人员、中国地震局专家和技术人员组成。

组建伊始,救援队就瞄准世界一流水平,学习借鉴国际先进救援理念、技术和经验,坚持刻苦训练、科学训练。中国地震应急搜救中心作为救援队的业务和技术支撑单位,采取"请进来、走出去"等方式,加强与国外同行合作交流,组建了一支核心教官团队,同时建成了一座国际一流、国内唯一的地震救援训练基地,与德国、瑞士、新加坡等国家的救援队开展多种形式的联合培训和演练,救援队现代化、专业化水平明显提升，形成了较强的专业救援能力。

1.1.2 通过联合国重型救援队测评

组建至今，救援队走过了一条快速发展的道路。组建2年（2003年），就远赴阿尔及利亚执行第一次国际救援任务，成为30多支国际救援队中仅有的3支搜救出幸存者的队伍之一。组建4年（2005年），在巴基斯坦国际救援行动中承担现场44支国际队伍的救援协调工作。组建7年（2008年），在四川汶川地震中营救被掩埋在废墟深处的幸存者49人，清理遇难者遗体1080具，帮助确认定位幸存者300多人。2008年，在中央领导的亲切关怀下，国家地震紧急救援训练基地建成并投入使用，后期队伍规模由220人扩编为480人，装备水平进一步提升，具备了同时在多个复杂环境下开展救援的能力。

为了提高各国国际救援队的能力和战斗力，更好地协调和使用各国国际救援队，联合国自2005年开始组织国际救援队分级测评工作，对各国国际救援队进行重型、中型分级测评，测评合格者颁发联合国国际救援队伍分级测评资格证书。中国国际救援队自组建以来，依托中国地震应急搜救中心积极致力于联合国国际救援队伍分级测评申请工作。组建8年（2009年11月14日），中国国际救援队经过联合国8位专家连续36小时21个搜救项目、150个搜救科目的考试，顺利通过了联合国国际重型救援队分级测评，获得国际重型救援队资格认证，成为发展中国家第1支、亚洲第2支、全球第12支国际重型救援队。

组建13年（2014年）和18年（2019年），中国国际救援队前后两次通过联合国能力分级测评复测（每5年进行1次考核），再次得到联合国国际重型救援队资格确认。2019年第2支国家队——中国救援队也顺利通过联合国重型救援队分级测评。

截至2019年底，依托国家地震紧急救援训练基地，救援队培训各级抢险救援队伍骨干约22500人次，学员遍及全国31个省区市及港澳台地区的340多个市2300多个县。这些学员已成长为各级各类救援队的技术骨干，为国家各类应急救援队伍能力建设发挥了重要支撑作用。

■ 2009年联合国副秘书长John Holmes访问国家地震紧急救援训练基地

1.1.3 新时期新任务

20年来，救援队共执行了四川汶川、青海玉树、四川芦山、云南鲁甸、四川九寨沟、新疆巴楚-伽师、新疆昭苏等重特大地震灾害以及甘肃舟曲特大山洪泥石流、四川都江堰泥石流、青海门源雪崩、天津蓟县滑坡等11次国内紧急救援任务。面对灾区复杂艰苦的环境，救援队始终坚持生命高于一切，以最大的力度、最高的效率营救受困群众，救治伤病人员。在汶川抗震救灾中，救援队充分发挥专业技术优势，科学施救，成功营救出49名被埋压人员，其中包括29名学生和2名国家权威专家。在玉树抗震救灾中，救援队克服高寒缺氧、高原病多发等重重困难，营救出7名幸存者，医治1800余名伤病员。

20年来，救援队赴阿尔及利亚、伊朗、印度尼西亚、巴基斯坦、海地、新西兰、日本、尼泊尔等国实施了10次人道主义紧急救援任务。在历次国际救援中，救援队凭借精湛的技能和专业的素养，发扬国际人道主义精神，全力开展搜索营救，医治伤病员超过4万名，出色完成了救援任务，有力地配合了

第1章　中国国际救援队发展回顾

国家整体外交。在海地地震救援中，救援队连续奋战100多个小时，完成了祖国和人民交给的任务，使8名维和英雄的遗体回到祖国怀抱。日本9.0级地震后，中国国际救援队是抵达现场最早、搜救行动持续时间最长的国际救援队之一，受到日本政府和人民的高度评价。

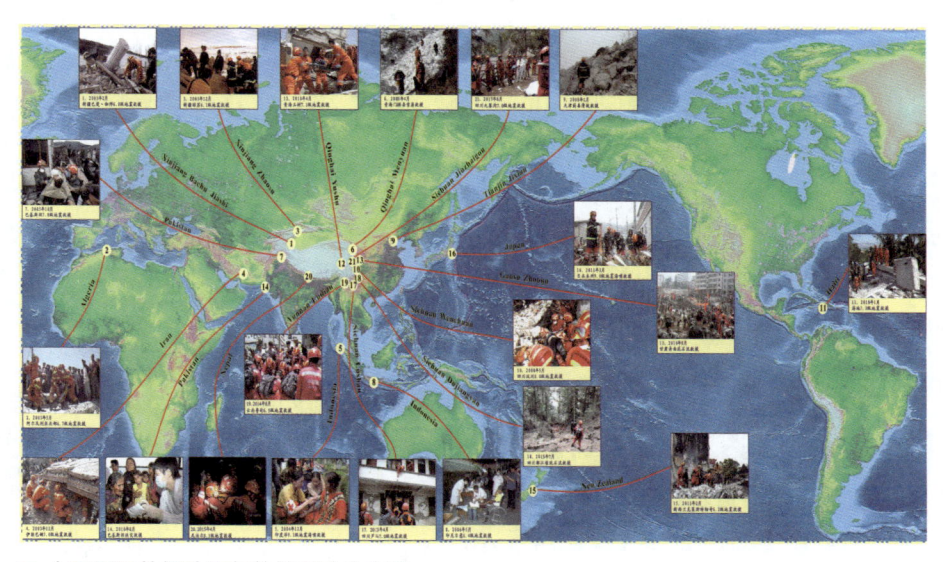

■ 中国国际救援队历年救援行动分布图

救援队取得的成绩得到了党和人民的充分肯定，先后被党中央、国务院、中央军委授予"全国抗震救灾英雄集体""抗震救灾先进基层党组织""抢险救援模范营"等荣誉称号。数十名队员分别获得国家级、省部级表彰，以及中国人民解放军和武警部队的立功嘉奖。救援队的国际救援行动赢得了受援国和国际社会的广泛赞誉，得到了伊朗、印度尼西亚、巴基斯坦等国的表彰。

荣誉只代表过去，未来是新的起点。2018年4月，应急管理部挂牌组建，推动形成统一指挥、专常兼备、反应灵敏、上下联动、平战结合的中国特色应急管理体制。为切实落实好习近平总书记防灾减灾救灾新理念，面对"全灾种、大应急"任务需要，中国国际救援队将加快转型发展，完善制度机制，不断在实战中锤炼队伍，提升本领。

[5]

1.2 队伍建设标准

中国国际救援队遵循联合国INSARAG组织体系，严格按照联合国国际重型救援队分级测评标准来建设队伍。

1.2.1 联合国INSARAG

INSARAG(International Search and Rescue Advisory Group) 中文全称为国际搜索与救援咨询团，成立于1991年，由参与了1985年墨西哥地震和1988年亚美尼亚地震联合行动的专业国际城市搜索与救援队伍（Urban Search and Rescue Team，USAR）联合发起。INSARAG是由灾害管理人员、政府官员、非政府组织和USAR队员组成的一个政府间人道主义援助机构，在联合国框架下运作，其被赋予的使命也有助于国际减灾战略（International Strategy for Disaster Reduction，ISDR）的贯彻实施。

在遵守通用的指南和方法的基础上，INSARAG旨在促进国内与国际城市搜索与救援（USAR）队伍间的协调，以挽救更多生命。

1.2.2 USAR能力建设

要提高执行国际任务的能力，并通过联合国国际重型救援队分级测评（INSARAG External Classification,IEC），各国首先要建立一个有效、可持续的国家USAR能力和国家灾害管理体系，这是十分重要的。

当灾难发生时，人们首先会向他们的社区和政府寻求帮助，然后会向邻国和区域/国际组织求助。国际援助是人道主义援助的第三级别，国际援助通常为特殊任务，比如地震后复杂的搜索和救援任务。

联合国大会第57/150号决议建议各国应建立强大的国家USAR响应能力，以便第一时间应对任何突发事件。决议确定各国首要也是最重要的任务是负责救助本国领域内因自然灾害受难的幸存者并处理因其发生的其他紧急状况。各国必须在其本土启动、组织、协调并实施人道主义救援。另外，决议"鼓励在地区和区域层面加强国家之间灾前准备和灾害响应等方面的合作，并尊重各级别的能力建设"。

1.2.3 国际USAR行动

当大规模的建筑物倒塌（如地震）突然发生时，USAR需定位、解救和初步稳定受困在狭小空间或者被埋在瓦砾下的人员。这通常需要与其他方协调，并且以标准化程序进行。USAR援助由自然灾害、山体滑坡、意外事故和人为事故引发的灾害。搜救行动的目标是在最短的时间内搜救最多的受困人员，同时最大限度降低救援人员的风险。

国际USAR响应有如下几个阶段：

第一阶段——准备。准备阶段是灾害响应之前的阶段。在这一阶段，USAR开展培训和演练，总结之前行动的经验和教训，更新标准行动程序，同时计划未来的响应。

第二阶段——动员。灾害发生后，马上进入动员阶段。在这一阶段，国际USAR应积极响应受灾国的国际援助请求，部署队伍，援助受灾国。

第三阶段——行动。在行动阶段，国际USAR在受灾国实施搜救行动。在这一阶段，国际USAR抵达受灾国接待和撤离中心（Reception Departure Centre，RDC）进行注册，在USAR协调单元（USAR Coordination Cell，UCC）或现场行动协调中心（On-site Operations Coordination Centre，OSOCC）领受任务，按地方应急事务管理机构（Local Emergency Management Agency，LEMA）的目标展开搜救行动。当USAR接到指示停止行动时，这一阶段结束。

第四阶段——撤离。当国际USAR接到指示停止行动时，进入撤离阶段。USAR开始撤离，与UCC/OSOCC协调撤离事宜，然后向RDC报告，从受灾

国撤离。

  第五阶段——总结。USAR回国后随即进入总结阶段。在这一阶段，USAR按要求完成并提交任务总结报告，分析队伍行动以便提升未来灾害响应的整体效果和效率。

1.3 队伍国际救援行动简介

中国国际救援队组建以来，按照党中央、国务院和中央军委的要求，遵循"团结协作、不畏艰险、无私奉献、不辱使命"的指导原则，依照联合国 INSARAG 行动指南，赴阿尔及利亚、伊朗、印度尼西亚、巴基斯坦、海地、新西兰、日本和尼泊尔等国实施了10次国际救援行动，共成功营救6名幸存者，医治40000余名伤病灾民，以崇高的人道主义精神、过硬的业务素质和优良的工作作风，获得了国内外救援界的一致好评，赢得了各级领导、灾区政府和群众的充分肯定和高度赞誉，树立了中国负责任大国的良好形象。

阿尔及利亚地震救援：2003年5月21日，阿尔及利亚北部沿海地区发生6.2级地震，造成大量人员伤亡。5月22日至30日，中国国际救援队35名队员携带约4吨重的轻型救援装备和3条搜救犬赶赴灾区，在一周的救援行动中共营救出1名幸存者，发现定位遇难者并挖出遗体4具，为受灾群众提供大量的医疗救援，排查大量房屋建筑，圆满完成了任务。这是中国国际救援队首次参与国际地震灾害的救援行动。

伊朗巴姆地震救援：2003年12月26日，伊朗克尔曼省巴姆地区发生6.3级地震。由43名救援队员组成的中国国际救援队于28日抵达巴姆，是第一支到达伊朗地震灾区的亚洲救援队。在5天的救援行动中共搜索排查了近40个受灾点，发现22具遇难者遗体，并对伤者进行了巡视诊疗，发放了近10吨紧急救援物资，帮助灾民进行防疫和自救互救，圆满完成国际救援任务。

印度洋地震海啸救援：2004年12月26日，印度尼西亚苏门答腊近海发生8.7级地震，并引发大规模海啸。中国国际救援队分两批次总计74人赴印尼受灾比较严重的班达亚齐开展国际人道主义救援，历时近30天，共医治伤员近万名，完成了400多次手术治疗，对300多名危重伤病员进行了救治，搜索清理了69具遗体，进行了积极的卫生防疫，保障了灾区无数灾民的生命安全，出色地完成了任务，受到了广泛的好评。

巴基斯坦地震救援：2005年10月8日，巴基斯坦发生7.8级强烈地震，造成重大人员伤亡。由89名救援队员组成的中国国际救援队分两批次抵达地震重灾区巴拉考特实施救援，成功搜救出3名幸存者，救治重伤员591人，救援行动至当年11月17日结束。中国国际救援队还首次担任了国际救灾行动的协调员，为在巴拉考特地区成功开展国际救援发挥了重要作用。

印度尼西亚日惹地震救援：2006年5月27日，印度尼西亚中爪哇省日惹发生6.4级地震，造成严重人员伤亡和大量建筑物倒塌。由42人组成的中国国际救援队赶赴地震重灾区班图尔县开展救援。救援行动为期19天，共救治伤员3015人。中国国际救援队承担了班图尔灾区约四分之一伤病员的救治任务，是在18支救援队中救治伤病员数量最多的救援队。该次救援也是中国国际救援队救援历史中救治危重病员最多的一次。

海地地震救援：2010年1月12日，海地发生7.3级地震，首都太子港及全国大部分地区受灾严重。1月14日凌晨，中国国际救援队在地震发生33小时后抵达太子港，成为第一批抵达海地的国际救援力量之一。在"联海团"总部大楼搜救工作中，中国国际救援队共找到遇难人员遗体13具。截至1月22日，中国国际救援队共救治伤员2500余人，其中重伤员500余人。救援队为抗击地震灾害做出了巨大努力和贡献，受到了海地政府与当地民众的热烈欢迎，同时也得到了联合国秘书长潘基文和国际社会的高度评价与赞扬。

巴基斯坦洪灾救援：2010年7月下旬至8月底，巴基斯坦遭受该国历史上最严重洪灾。中国先后派出两批总计131名队员组成的中国国际救援队和4架直升机深入灾区参与救灾和医疗防疫工作。10月4日行动结束，共医治伤员约25700人。中国国际救援队顺利圆满完成救援行动，受到了世界卫生组织、巴基斯坦政府与民众的一致肯定与高度赞誉。

第1章　中国国际救援队发展回顾

新西兰地震救援：2011年2月22日新西兰南岛发生6.2级地震，震源深度10千米，给当地造成了巨大破坏。中国国际救援队一行10人于2月24日赶赴灾区，携带搜索、营救、医疗和后勤保障等物资装备，在灾区开展了为期17天的救援行动，于3月12日返回中国，圆满完成国际救援任务。

东日本大地震救援：2011年3月11日日本本州岛东海岸附近海域发生9.0级强烈地震并引发巨大海啸，造成大量建筑物倒塌、严重人员伤亡和巨大财产损失。中国国际救援队一行15人于3月13日早晨赶赴灾区，携带搜索、营救、医疗和后勤保障等物资装备4吨，在灾区开展了为期8天的救援行动，圆满完成国际救援任务后于3月20日返回中国。该次救援队行动是中国国际救援队面临次生灾害最多的一次救援行动，全体队员克服核危机、强余震、海啸和恶劣天气等重重困难，发挥专业技术优势，发扬顽强的作风圆满完成了救援任务，得到了日本政府、当地民众和国外同行的高度赞扬。

尼泊尔地震救援：2015年4月25日尼泊尔发生8.1级地震，地震震级大、震源浅，中国西藏、印度、孟加拉国、不丹等地均出现人员伤亡。震后2.5小时，由67名经验丰富的搜救队员、医护队员、地震专家和技术保障人员组成的中国国际救援队，携带6条搜救犬、17吨救援物资和装备在机场快速集结；震后不到22小时，中国国际救援队抵达尼泊尔首都加德满都，成为第一支到达的经联合国测评的重型救援队伍。在中国驻尼泊尔大使馆和尼军方的大力支持下，中国国际救援队在灾区实施搜救行动12天，成功救出2名幸存者，为灾民巡诊7481人次，并圆满完成了联合国人道主义事务办公室现场行动协调中心安排的分区协调任务，得到了尼泊尔政府和国际社会的广泛赞誉。

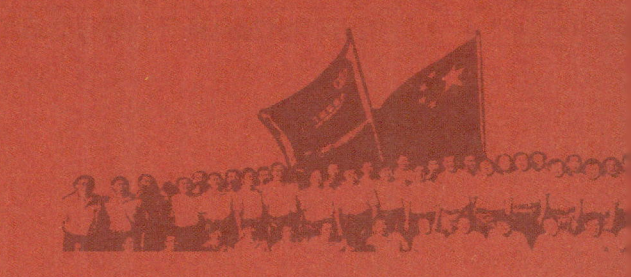

第 2 章

中国国际救援队国际救援行动

2.1 在国际人道主义救援舞台的出色亮相

——2003年5月21日阿尔及利亚6.2级地震救援

摘要 阿尔及利亚发生6.2级地震后,国际社会高度重视,联合国、国际组织和各个国家纷纷启动应急响应。中国国际救援队第一时间赶赴阿尔及利亚灾区实施国际人道主义救援,在一周的救援行动中共营救出1名幸存者,发现定位遇难者并挖出遗体4具,为受灾群众提供大量的医疗救援,排查大量房屋建筑,圆满完成了任务。组建仅两年的中国国际救援队第一次在国际社会亮相,其反应速度、现场救援表现、救援后期的医疗救助和建筑物受灾情况鉴定等工作得到联合国、阿尔及利亚政府和人民的充分肯定,充分展示了中国的大国形象。

2.1.1 灾害基本情况和国际响应

2.1.1.1 基本灾情

当地时间2003年5月21日19时45分(北京时间2003年5月22日02时45分),阿尔及利亚(北纬36度53分34.8秒,东经3度46分48.0秒)发生6.2级地震,震源深度9千米,震中位于阿尔及利亚首都阿尔及尔以东50多千米的布米尔达斯市。地震发生在非洲板块和欧亚板块结合地带,主震共持续了40～50秒钟,期间震波以渐强、渐弱又渐强的态势反复出现,震后当地还发生了多次强烈余震。截至当地时间2003年6月9日12时,地震至少造成2273人死亡,其中包含9名中国公民(中国援阿的中建公司员工),1万多人受伤,

第 2 章　中国国际救援队国际救援行动

20万人无家可归，财产损失高达4000亿第纳尔（约合50亿美元）。

1980年，当地曾发生7.7级大地震，并造成数千人死亡。该次地震为20多年来阿尔及利亚发生的最严重地震。主震发生后，余震不断，仅仅在主震发生后的2小时内就发生了200多次余震。当地时间5月27日18时11分发生5.8级强余震，造成3人死亡，187人受伤，大量房屋倒塌。截至2003年6月9日，当地共发生1200多次余震。地震的诱因是亚欧板块与非洲板块互相碰撞，地震具有强度大、裂度大、破坏性严重和余震多等特点。地震造成如此惨重的伤亡，除了与震级强、震源浅有关外，还与有些房屋的建筑质量差、地震发生在晚上有关。

地震波及阿尔及利亚北部的8个省份，并且西班牙、地中海沿岸和巴利阿里群岛等地均有震感。首都阿尔及尔和东临的鲁伊巴及布默德斯两个城市受灾最为严重，建筑物基本倒塌，遍地都是废墟。此外，地震灾区的供电、供水、通信、煤气中断，当地水下电缆遭到损坏，很多国际通信电缆受影响，严重妨碍了救援工作的进行。更严重的是，地震引发2米高的巨浪，致使西班牙沿海地区150多条渔船受损。

震后阿尔及利亚政府宣布进入紧急状态，立即成立应急小组，组织全国的力量全面开展救援工作，并宣布北部地区的52个市镇为灾区。阿政府在地震灾区建立了200多个帐篷营，共搭起2.5万顶帐篷，帐篷营内提供水电、通信、安全保障和医疗设施，尽可能满足灾民的生活需求。

2.1.1.2　国际响应

阿尔及利亚大地震引起了全世界的关注。中国国家主席胡锦涛、法国总统希拉克等均向阿尔及利亚总统布特弗利卡表示慰问。中国政府紧急向阿政府和人民提供了总价值500万元人民币的人道主义援助，包括药品、帐篷和毛毯等。中国红十字会向阿尔及利亚红新月会转交了一张5万美元的支票。法国、德国等国家也向阿尔及利亚提供了一定的救灾物资。此外，中国政府积极关注当地灾情，考虑继续向阿尔及利亚提供力所能及的帮助。

法国派出了2个救援小组，每个小组由60名专家组成。德国向阿派出了救援专家，携带了救生犬和特别的救援设备。日本派出了2批次共61名救援人员和2条救生犬。意大利宣称计划派出消防人员、工程师、救援人员携带挖掘装备、帐篷和医疗用品前往阿国。国际红十字会派出了1个工作小组。据统计，共有20多个国家的38支救援队参加了阿尔及利亚地震救援。

2.1.2 中国国际救援队救援行动

2.1.2.1 应急响应

为支援阿国的抗震救灾工作，中国政府做出了迅速反应，决定向阿政府无偿提供紧急人道主义援助。北京时间5月23日凌晨，阿尔及利亚政府邀请中国国际救援队参加抢险救援。北京时间5月23日8时，中国地震局接到上级命令。北京时间5月23日18时3分，中国国际救援队从首都国际机场登机，经过14小时的飞行，于当地时间5月24日凌晨2时3分到达阿尔及利亚

■ 全体队员机场集结准备出关

第2章 中国国际救援队国际救援行动

■ 飞行途中召开全体会议

■ 全体队员及搜救犬到达阿尔及利亚准备入关

首都阿尔及尔,同机抵达的还有援助该国的首批物资,包括帐篷、毛毯、药品及手术器械等共计9吨367件。

在中国驻阿尔及利亚使馆和当地政府的大力支持下,中国国际救援队迅速出发赶赴阿尔及利亚地震灾区现场,在高温和尘埃中连续作战,努力搜救被埋人员、救护伤员,成功搜救幸存者1名(震后总共救出幸存者2名),挖出遇难者4名。中国国际救援队是38支救援队中继法国之后在震区第二支成功搜索到幸存者的队伍,为灾区震后救援做出积极贡献。该次国际救援,是中国国际救援队第一次在国外亮相,在短短一周的时间里,救援队的反应速度、现场救援表现,以及救援后期的医疗救助和建筑物受灾情况鉴定等工作,得到联合国和阿尔及利亚政府和人民的充分肯定。

执行该次国际救援任务的中国国际救援队由35人组成,中国地震局副局长岳明生带队。具体队员有中国地震局8人(岳明生、徐德诗、黄建发、孙柏涛、张晓东、韩炜、许建东、陈有芳),北京军区1人(张鹰),北京军区某部工兵团17人（马庆军、王炳全、王完全、张健强、王念法、韩斌、刘宏伟、吴苏武、贾树志、夏宏亮、谭家红、张如达、曹志伟、卢杰、侯保国、李占云、陈剑），武警总医院4人（彭碧波、吴学杰、郭晓东、李向晖），随行记者5人（陆纯、万灵、陈轩石、陈辉、崔峻）。救援队携带了80余种共400多件装备，总重4吨。此外，还携带了3条搜救犬。

■ 中国国际救援队执行2003年5月21日阿尔及利亚6.2级地震救援任务回国合影

2.1.2.2 应急救援

1. 人员搜救

中国国际救援队下飞机后，立即接受了联合国救灾协调中心的调遣，于当地时间24日6时赶到了受灾最严重的布迈尔代斯省（Boumerdes）。当地时间10时，救援队到达距离机场35千米的布迈尔代斯指定村庄进行搜救，确认废墟下无人后，救援队旋即赶往50千米外的达列斯（Dallys）重灾区。12时，救援队到达达列斯。该地有一座5层的住宅楼自北向南全部倾斜坍塌。据当地居民介绍，该住宅楼之前没有任何专业救援队伍进行过搜救，住宅楼里居住着

第 2 章　中国国际救援队国际救援行动

50户人家，废墟下还有40多人未被救出。救援队携带3条搜救犬和各类器械开始了紧急搜救。

■ 向设在机场的联合国接待中心报到

■ 抵达救援现场

中国国际救援队国际救援行动纪实

■ 在废墟现场研判灾情

当地震后受损严重，到处都是悲惨景象：房倒屋塌，失去亲人的灾民悲痛欲绝，空气中弥漫着遗体腐烂散发的恶臭，四五级的余震还在不断地发生。

当地房屋多为两层别墅或高层建筑，倒塌后大都呈叠饼状，给救援工作带来很大难度。救援现场为两栋倒塌的5层楼房，瑞典、瑞士国际救援队也在该现场准备实施救援。由于现场围观群众多，秩序混乱，使救援行动无法展开。按规定要求，要想展开救援行动，必须疏散围观人群。但在多次疏散人员无效的情况下，瑞典、瑞士国际救援队相继撤离现场。由于现场为联合国现场救援协调中心指定的中国国际救援队救援地点，所以中国国际救援队仍留在现场，不等不靠，主动与当地协调人员一起做疏散工作，经过耐心说服，清理出了50多平方米的现场，继续展开救援。队员王完全操作光学声波探测仪仔细地检查着每一处缝隙；队员王炳全带着液压钳，把纵横交错的钢筋一根根剪断；队员陈剑手持声波探测仪，专心致志地捕捉着废墟里发出的声音。当地气温高达34摄氏度，队员们穿着厚厚的隔离服，戴着面罩，内衣被汗水完全浸透，但大家仍顽强地坚持战斗。"叠饼状"的石板一层压着一层，队员们用

第 2 章　中国国际救援队国际救援行动

常规的搜索方法搜索了几小时，效果不明显。时间就是生命，大家迅速寻找新的搜索方法。担任技术搜索的队员张健强、曹志伟用打孔机在叠饼状的废墟上从上向下打了一个直径约80厘米的洞，意想不到的结果出现了，队员们通过孔洞可以看到不同夹层里的情况。孔洞在不断扩大，一名队员深入下去，很快发现了一具妇女的遗体。"打洞观察法"成功了。队员们采用这种方法，先后在不同夹层里发现了3具妇女和1具孩子遗体。面对血肉模糊、气味熏人的遗体，队员们毫不嫌弃，小心翼翼地把遗体装入专用的口袋，运到地面。在搜救过程中，全体队员在50多个小时没有休息、23个小时未补充食物的情况下，面对腐烂尸体及刺鼻的气味，冒着30多摄氏度的高温连续作业，一名队员体力透支出现中暑症状，四名队员出现呕吐。在这种复杂艰苦的条件下，队员们克服生理和心理的不良反应，始终保持了精神不垮、秩序不乱和昂扬向上的精神状态，自始至终战斗在救援第一线，处变不惊、沉着应对，大家共同努力

■ 开展破拆作业

共搜救出4具遇难者遗体。救援队用实际行动展示了中国人对生命和逝者的尊重，谱写了一曲国际人道主义赞歌，受到了当地群众的赞誉。

此外，在该次国际救援工作中，中国国际救援队的特殊队员——搜救犬"超强"成为联合国官员交口称赞的"救灾明星"。"超强"为中国国际救援队救出唯一幸存者立下头功。

救援队在赶往代利斯途中，经过一个名为布满德斯的城市，应当地政府的请求，经队长批准，救援分队迅速赶往该市受灾现场。该次救援，本着"先防护后救援，先救命后救人，先救人后救护"的原则，按照"询问了解、现场勘察、确定方案、展开救援"的程序，采取"犬搜索、仪器搜索、技术救援"的手段展开救援。救援队首先派出了一条名叫"超强"的搜救犬到现场进行搜索，由于"超强"训练时识别的气味与当地人身上的气味不同，因此在现场让"超强"对当地人进行了快速气味识别训练，"超强"很快就对气味熟悉和敏感起来。进入搜索现场不到3分钟，"超强"就开始吠叫，叫声越来越大，从训练经验判断，废墟下可能有幸存者。救援队队员在"超强"的叫声引导下，在废墟中进行了初步挖掘，发现了一条胳膊。在准备展开下一步营救时，遭到了其亲属的善意阻拦。因为按当地的风俗，他们不希望其遇难家人的身体被外人看到和接触。为了尊重当地风俗，队员停止了营救。后来证实该幸存者为一名12岁的男孩。根据联合国现场救援协调中心通报，在阿尔及利亚参与地震救援的38支国际救援队中，只有中国国际救援队和法国救援队分别发现和搜救出1名幸存者。联合国现场救援协调中心和国外同行纷纷向中国国际救援队表示祝贺和赞赏。

成功救出一名幸存者，让中国国际救援队队员信心大增，救援队也得到了当地群众的信任与肯定。5月29日，阿尔及利亚迪里斯的失踪者家属到中国国际救援队的行动基地，请求救援队帮他搜索失踪的弟媳妇（女，30岁左右，姓名不详），并提供了以下信息：地震发生前，他们准备驾车出行。地震来了之后各自逃生就失去了联络。1天前，法国救援队曾经到该地使用搜救犬进行了大约半个小时的搜索，没有搜到。他希望中国国际救援队能够再次搜索排查。

第 2 章　中国国际救援队国际救援行动

■ 带领搜救犬仔细搜寻

■ 恶劣的救援环境

中国国际救援队国际救援行动纪实

■ 与当地居民协商后离开现场

　　该废墟结构为四层楼房，一层和二层叠饼状倒塌，三层和四层向后倾斜约10度，一层是车库和汽车修理间，共四个房间。其中大巴车被压成车轮的高度，小汽车也被挤压成60～80厘米高的样子。一层已经出现横梁压地面的现象。楼房倾倒的方向是地下室和厨房。楼房50厘米左右的立柱侧向位移1米，致使楼房倒塌。

　　接到求助、搜索任务下达后，队长王完全携带两条搜救犬和一台光学生命探测仪火速前往现场搜索。由于车小，一次坐不下太多的人，有5名队员前往搜救现场，其余的营救装备都没有携带。

　　队员们到达现场后，根据提供的信息，对废墟进行地毯式搜索。先由犬搜索组进入三层和四层房间排查，当搜救队员带领搜救犬进入倾斜的楼房排查时，人员和犬都有眩晕不适的感觉。然后由一名队员对厨房搜索，接着选派一名队员进入地下室搜索。之后派人员进入大车库用蛇眼探测搜索。最后由犬再次进入小车库，在被压瘪的小汽车附近排查。当时距地震发生已经7天，如果有遇难者应该能闻到尸体腐烂的味道。采用设备与搜救犬进行多轮搜索后，救援队未发现遇难者，无奈宣布搜索结束。

第 2 章　中国国际救援队国际救援行动

同时，应中国大使馆要求，中国国际救援队组成7人救援小组，由国家地震局副局长岳明生带队，赶赴中建公司宿舍楼现场实施救援。经过艰苦努力，协助中建公司搜索出一名遇难同胞遗体。中国国际救援队的行动让海外同胞在最困难和最需要帮助的时候，深切地感受到了党和国家的关怀，感受到了祖国人民的关心和帮助。

2. 医疗救治

在救援行动中，中国国际救援队完成了大量伤病员的诊疗，组织实施了地震中受伤中国援外人员的医疗护送与转运，圆满完成了地震灾害紧急救援中的各项医疗任务。

中国国际救援队医疗救治的特点——预有方案，处突不惊；迅速进行药品及设备的筹措，保证了救援队医疗需求；积极开展现场救治，保障了救援队队员的安全；及时调整人力，为灾民提供医疗帮助；调查当地疫病，进行针对性预防；实施医疗护送，协调中国回国伤员医疗转运。联合国救灾协调中心宣布救援行动基本结束后，中国国际救援队派出医疗小组，对受灾地区伤员进行医疗巡诊，3天时间里共医治伤员170余人。

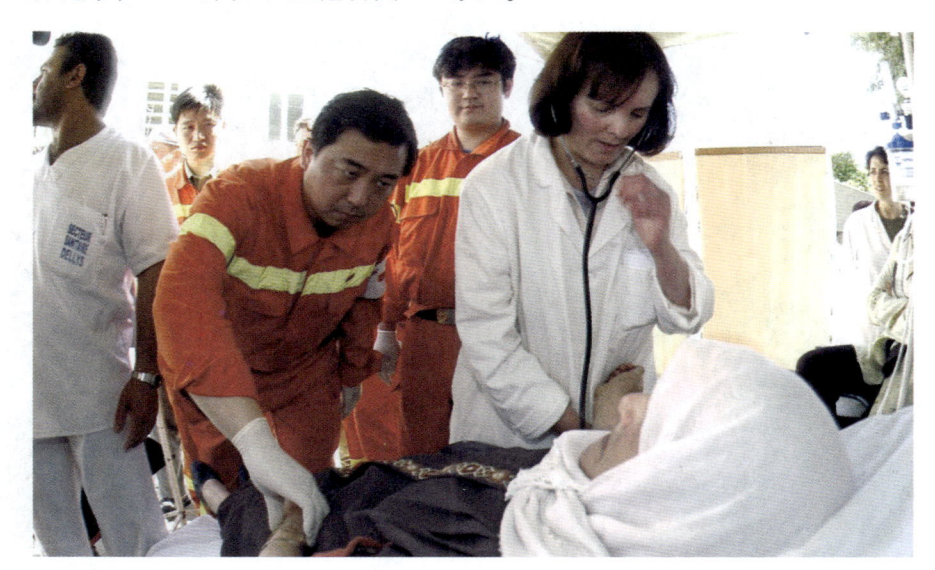

■ 检查受伤者

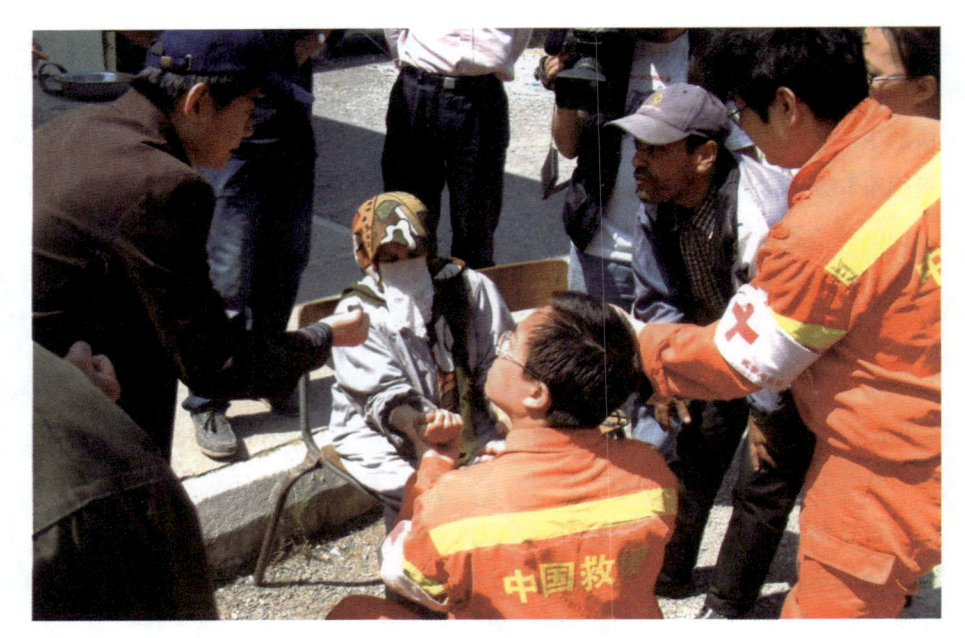

中国国际救援队国际救援行动纪实

■ 救治当地群众

■ 讲授医疗设备使用知识

第 2 章　中国国际救援队国际救援行动

■ 向当地灾民派发药品

阿尔及利亚地震救援医疗工作概括如下：

预有方案，处突不惊。 在建队初期，救援队就对医疗救治任务非常重视，结合武警部队处理突发事件卫勤保障的特点，制定预案，从组织结构、人员选择、设备配置、技术训练、药品保障等方面做到预有方案，处突不惊，确保一有灾情，快速反应。在接到救援队紧急出动的命令后，救援队迅速挑选经过国际SOS培训、具有新疆地震灾害救援经验的队员，并为所有队员进行了体检，排除了"非典"感染，取得了健康证明，确保了队伍安全迅速通关。

迅速进行药品及设备的筹措，保证了救援队医疗需求。 根据救援办公室的指示，按照小分队出动方案，救援队迅速进行了药品筹措，接到待命通知的当夜即组织医院有关人员完成了药品装箱。筹措了保证100名轻伤员及15名重伤员所需的急救医疗药品和器材；兼顾救援队的自身防疫及医疗保健需求，选取了部分药品；寻找到霍乱疫苗及治疗疟疾的特效药物青蒿素。从救援的全过程来看，药品及设备筹措保证了急需，略有富余，没有出现短缺现象。

积极开展现场救治，保障了救援队队员的安全。 该次地震强度大，主要引起钢筋混凝土建筑物倒塌，施救相当困难。现场寻找家人的人群疯狂地用手挖肩扛的方式展开救援，大型工程车辆混杂其间，上万人围观使现场水泄不通。场面混乱，天气炎热，条件艰苦，危机四伏，给救援队队员带来了巨大的体能消耗和心理压力。医疗队员及时地进行了灾害现场的医学评估。在达列斯市的六层居民楼倒塌废墟，队员忍着刺鼻的尸臭挖出4名遇难者，确定现场再无幸存者后，医疗队员的工作重心转向队员的安全防护，在现场先后对极度疲劳引发中暑、鼻出血、咽喉肿痛、胃肠功能紊乱的5名队员进行了紧急医学处理，并创造条件，开展了野外输液，确保了救援过程中没有发生减员，有力地保障了救援队工作的顺利进行。

及时调整人力，为灾民提供医疗帮助。 地震发生4天后，伤后继发感染及露宿引发的肺炎、感冒等各种疾病和灾害造成的心理创伤，对医疗提出了新的要求。由于地震破坏了当地医院，加上药店关门，灾民对医疗的需求成为突出问题。医疗队员深入灾区，开展医疗诊治，累计诊治170多人次。另外，医疗队还协助达列斯市医院对医疗资源破坏情况进行了评估，并提供了部分急救医疗器材和药品。

调查当地疫病，进行针对性预防。 非洲为霍乱、疟疾的疫源地，为了确保队员不染上传染病，医疗队在做好必要的抢救措施的前提下，在飞机上为全体队员接种了霍乱疫苗。此外，针对当地乙肝、疟疾发病高的状况，开展了卫生防病宣教，加强了进餐、休息时的卫生防病措施，进行必要的预防性服药，全部队员均未出现感染或意外情况。

实施医疗护送，协调中国回国伤员医疗转运。 救援队在阿尔及尔为在地震中受伤的中建公司援外人员进行了检伤分类，并为在余震中受伤的大使馆官员进行了骨折固定和止痛治疗，并护送5名伤员同机回国，确保了途中伤员安全。

值得一提的是，中国国际救援队在救助伤员的同时成功地实施了心理救援。该次救治的伤员是从掩埋的废墟中被救出来的，许多亲朋好友的遇难以及惨烈的灾害场面都对伤员的心理造成了极大的伤害，伤员情绪激动，心理应激反应强烈，给救治工作带来较大的影响。有的伤员夸大自己的病情，对医生不够信任，认为治疗过于简单；还有的伤员由于自己的家人遇难，觉得自己活着没有意义，不愿意配合医生治疗。针对上述情况，中国国际救援队采取"先治心再治病"的策略：一是对伤员的病情、家庭等问题进行深入调查了解，根据不同的情况采取不同的医疗救援方法；二是对伤员的病情、治疗情况和救治技术进行全面说明和反馈，让伤员对自己的病情和医生的医术心中有数，建立互相信任；三是建立伤员病情档案，对伤员进行追踪救治和救援。心理救援的介入，为救援队提升医疗救治效果提供了保障。

在阿尔及利亚营救第一名幸存者时实施的心理救援是一个成功的典范。发现幸存者时，已被困十几个小时，身体极为虚弱，生命危在旦夕，同时，幸存者的弟弟得知她还活着时，呼唤着幸存者的名字，哭喊着硬往废墟里闯，情绪异常激动，给救援工作带来极大影响。救援队迅速启动心理救援方案，搜救队员一边开展营救一边大声呼喊"不要害怕，我们是中国国际救援队，你马上就可以得救了"，给幸存者打气；急救医生进入废墟内部，靠近幸存者，不间断地实施医疗救治和心理咨询；外部队员及时与幸存者亲属直接对话，在安慰他的同时发动亲属对幸存者进行安慰和鼓励。6小时紧张营救，6小时不间断心理救援，让幸存者战胜噩梦，创造奇迹，重获新生。

3. 后勤保障

阿尔及利亚救援行动，成效显著，其中很重要的一个方面就是国际救援物资后勤保障工作得到加强。有力的后勤保障使救援行动有序开展，救援人员与保障人员在艰苦环境下各司其职，为专业、高效、合理、科学施救提供了坚强后盾。队伍对现场物资需求进行分析，结合灾区情况，通过设计数学模型，将需求量化表达出来。在得到应急物资需求后，制定物资配送流程，实现应急物资的有效保障。

■ 救援装备及物资集中存放

■ 建筑结构专家对阿方人员进行培训

4. 其他

阿尔及利亚大地震造成了惨重的人员伤亡，当地灾民和建筑专家纷纷指责房产开发商和有关部门无视规章，漠视建筑质量，从而导致建筑物在地震袭来时像"纸造的房子"一样纷纷坍塌。包括中国国际救援队在内的多家救援团体中的房屋结构鉴定专家，应当地政府的请求对受损房屋进行了相关的评估和鉴定。这些专家在适宜继续居住的建筑物上贴一个绿色十字，在需要修缮的建筑物上贴一个橙色十字，而在那些需要推倒重建的建筑物上贴一个红色十字。

■ 地震专家评估受损房屋

■ 参加联合国现场行动中心会议

当地时间5月29日上午，联合国救援组织专家认为：废墟内已不可能有人生还，各国救援队承担搜救幸存者的使命已经完成。当天17时，中国国际救援队圆满完成了抢险救援使命，载誉返回中国。

2.1.3　救援行动亮点

2.1.3.1　救援行动及时有效

联合国救灾协调中心官员托马斯是这样评价中国国际救援队的："中国国际救援队的反应是难以想象的、超常规的。"的确，法国救援队距阿尔及利亚只有3小时的路程，瑞士、意大利、葡萄牙及澳大利亚等国的路程也比中国近，但中国国际救援队几乎与他们同时到达。参加阿尔及利亚地震救援的共有20多个国家的38支救援队，中国国际救援队的反应速度名列前茅。

震后，中国政府立即向阿尔及利亚驻华大使馆表示愿意派出中国国际救援队帮助抢险救援。北京时间5月23日凌晨，阿尔及利亚政府邀请中国国际救援队参加抢险救援。北京时间5月23日8时，中国地震局接到上级命令。北京时间5月23日18时3分，中国国际救援队从首都机场登机，经过14小时的飞行，于当地时间5月24日凌晨2时3分到达阿尔及利亚首都阿尔及尔。中国国际救援队下飞机后，立即接受了联合国救灾协调中心的调遣，当地时间24日6时赶到了受灾最严重的布迈尔代斯展开救援工作。

这条时间线显示出了中国国际救援队争分夺秒抢救灾民生命的快速反应和责任担当。25日，中国国际救援队的负责人徐德诗参加了联合国救灾协调中心召开的救援协调会。在会上许多国家的负责人都主动向徐德诗表示祝贺："中国救援队真是太棒了，发现了幸存者。"这是借参加救援协调会的各国负责人之口，说出中国国际救援队的救援成果。中国国际救援队与各国救援队相比，救灾成绩的确首屈一指。

2.1.3.2　救援队伍训练有素

中国国际救援队到震区一下车，不顾频繁发生的余震和尸体的恶臭，迅速投入救援工作。所有队员各司其职，各尽其责，有条不紊。当地气温高达34摄氏度，队员们穿着厚厚的隔离服，戴着面罩，汗水完全浸透了内衣。队员侯保国突然间晕倒在救援现场，其他队员出现不同程度的虚脱，但大家仍顽强地坚持战斗，不惧酷暑和苦累。在救援出现困难和挫折的时候，不抛弃不放弃，不断寻找新的搜索办法。经过坚持不懈，最终找到适合实际情况的救援方式方法，并获得成功。这表现出中国国际救援队的坚强意志与训练有素，以及优良作风和过硬本领。救援队发扬生命至上、科学施救、不畏艰险、勇挑重担的精神，坚持刻苦训练、科学训练，练就了过硬本领和精湛技术。

2.1.3.3 中国搜救犬功劳卓著

搜救犬主要利用其灵敏的嗅觉在地震、山体滑坡、雪崩、泥石流等自然灾害中搜索定位幸存者的具体位置。搜救犬队共配备搜救犬24条，主要分为以下4个品种：德国牧羊犬、英国拉布拉多猎犬、比利时牧羊犬、史宾格猎犬。2001年救援队成立后搜救犬训练基地也随之成立，训导员们在无技术、无教材、无教练的情况下，通过接受国外专家培训和自身的刻苦训练，把搜救犬队打造成一支随时都可以执行任务的过硬队伍。使用搜救犬开展地震救援工作，填补了中国地震救生搜索工作的一项空白。

赴阿尔及利亚地震救灾，中国国际救援队共携带了3条搜救犬，"超强"和"甜甜"是德国牧羊犬，"海啸"是英国拉布拉多犬，均经过搜救培训，表现突出，完全具备执行国内外救援任务的能力。在该次地震救援中搜救犬表现尤为突出，搜救犬"超强"成为当时国际救援队伍中唯一成功搜索定位幸存者的搜救犬，为中国国际救援队立下大功，受到了联合国官员交口称赞，被誉为"救灾明星"。

2.1.4 救援行动存在的不足

2.1.4.1 队伍结构有待优化

通过该次地震救援，中国国际救援队总结出国际救援任务中应加强对派出队伍中人员专业结构、人员数量和所承担任务的科学设计、动态管理和指挥。

2.1.4.2 灾后房屋性能的快速评估鉴定有待加强

在以后的紧急救援工作中，要考虑加强灾后房屋性能的快速评估鉴定工作，以便于迅速开展救援行动。

2.1.4.3　救援体系有待加强

与发达国家救援队相比，无论是救援理念、组队形式，还是救援技术装备、队员综合素质都有相当大的差距，特别在医疗设备、后勤保障方面差距更大。

由于这是中国国际救援队第一次参加国际救援，因此在各方面一定会存在许多不足，尤其是在后勤保障方面没有形成保障体系，队员办公和居住条件简陋，食品单一（主要是方便面），通信人员不足，也未带救援装备管理工程师。这些都需在以后的救援工作中完善提高。

参考文献

[1] 张洪由. 2003年5月22日阿尔及利亚6.9级地震概述［J］. 国际地震动态，2003（6）：25-30.

[2] 李磊. 地震应急救援现场需求分析及物资保障［J］. 防灾科技学院学报，2006（3）：15-18.

[3] 陈娟. 震后灾难心理及其救援对策研究［J］. 科技风，2015（1）：215.

[4] 张晓东，许建东. 中国国际地震救援队与阿尔及利亚地震同行开展学术交流［J］. 国际地震动态，2003（8）：32-34.

第 2 章　中国国际救援队国际救援行动

2.2　第一支出现在巴姆古城的亚洲力量

——2003年12月26日伊朗巴姆6.3级地震救援

> **摘要**　伊朗巴姆6.3级地震发生后，伊朗政府的国际呼吁和请求得到国际社会高度重视和关注，联合国、国际组织和许多国家纷纷启动应急响应。中国国际救援队在第一时间赶赴伊朗地震灾区实施国际人道主义救援，在5天的救援行动中共搜索排查了近40个受灾点，发现遇难者遗体22具，同时对伤者进行巡视诊疗，发放紧急救援物资近10吨，帮助灾民进行防疫和自救互救，圆满地完成了国际救援任务。该次救援是中国国际救援队在参加阿尔及利亚地震救援后的又一次国际人道主义紧急救援行动，该地震也是队伍组建2年来在参加过的4次国内外救援行动中灾情最严重的一次。救援期间队员们不畏艰险、不顾疲劳、连续作战的精神得到了伊朗人民和联合国的广泛赞誉，他们为灾区救援做出积极贡献的同时，也充分展示了中国良好的国际形象，具有较大的政治意义和社会影响。

2.2.1　灾害基本情况及国际响应

2.2.1.1　基本灾情

当地时间2003年12月26日凌晨5时26分（北京时间2003年12月26日9时56分），在伊朗东南部克尔曼省（Kerman）巴姆（Bam）地区（北纬29度5分23.6秒，东经58度21分46.8秒）发生6.3级地震，震源深度33千米，

■ 巴姆古城地震前后对比

当地海拔为1063米。地震导致震区相当严重的建筑物破坏和大量的人员伤亡。据联合国人道主义协调办公室（OCHA）报告，该地震造成4.1万人死亡，3万多人受伤，7.5万人无家可归。地震震中巴姆是克尔曼省管辖的一个县级市，距克尔曼185千米，震后巴姆古城内87%的房屋被毁，包括131所学校、3所医院、95个健康保健中心和13个乡村门诊部在内的约1.8万座建筑物被彻底摧毁。巴姆市的供水网、供电网和电话通信中断，灾区政府陷入瘫痪状态。

该次地震发生前，巴姆城一带无较大历史地震记载。地震后，巴姆市中心及其附近10千米内，80%的建筑物倒塌，而在此距离以外，倒塌的建筑物在10%以下。该次地震成灾虽重，但地震衰减快，涉及的面积并不大。从地质构造来看，震中在伊朗东南部的克尔曼地震活动断裂带上。从美国地质调查局的震源机制结果来看，地震是巴姆断层右旋走滑运动而引起的。

巴姆6.5级地震宏观震中烈度为Ⅸ度，等震线长轴基本沿巴姆断层呈北西向，震后巴姆地区85%的房屋受到毁坏、破坏和损害，70%的房屋倒塌，面积24万平方米的阿格伊巴姆古城堡被夷为平地。地震使巴姆地区4%的地下渠受到破坏，有的地下渠被地震破坏后在地面出现圆形陷坑，地下渠的倒塌还加重了其上方地面建筑物与生命线工程的破坏。比较普遍的地震地质灾害是沿河沟两岸（一般深度数米）发生小规模的滑塌，且主要发生在巴姆以东、东南和西北部第四纪松散、半胶结的沉积层地区。

第 2 章　中国国际救援队国际救援行动

■ 巴姆城房屋倒塌形成的废墟

地震发生后，附近城镇的居民从四面八方赶来，试图在废墟中寻找他们的亲人。拥挤混乱的人群造成了大规模的交通堵塞，使救援工作无法顺利开展。最后，市政府官员不得不呼吁人们留在家中等待政府公布救援结果。由于地震造成的伤亡和破坏太大，灾区政府办公大楼也在地震中损毁，政府随即也陷入瘫痪状态，加之灾区的气候条件非常恶劣，白天温度达20摄氏度，到夜晚则降到零下几摄氏度，同时沙暴不时袭击灾区，机场也不得不定期关闭，这些都给灾区的搜索、营救和医疗救援带来了极大的困难。

2.2.1.2　当地救援进展

12月26日，由克尔曼省省长领导的减灾队伍召开了第一次会议，号召邻近各省提供搜索和救援援助。与此同时，伊朗红新月会和军队的5架直升机由德黑兰飞往克尔曼，克尔曼省开始执行搜索、救援和撤离伤员的工作。德黑兰的联合国灾害管理队于当晚向灾区派出2支队伍，用于收集、证实、提供地震情况和破坏程度的信息。15~20小时后，伊朗政府表示欢迎国际援助，其中包括具备搜索设备和搜救犬的国际救援队。国际救援队无须签证即可登机，飞机可以直接飞往克尔曼机场。此外，灾区还需要医疗、水净化设备、发电机、帐篷和毛毯等救援物资。

12月27日，由伊朗内务部副部长领导的协调组到达灾区。副总统和内务、卫生、人力和社会事务部的部长，还有军队司令和其他政府官员均已赴灾区视察。现场协调工作有序进行，伊朗政府宣布3天的公众默哀。

12月28日，有关部门部长组成的临时委员会决定每天召开会议，及时报告灾情与灾区需求情况。伊朗政府也计划建立临时营地。另有2万人左右的志愿者开赴灾区并开展救援行动。巴姆市区开始部分恢复电力供应，主要水网恢复运行。重建水、电和通信的工作正在有序推进。

12月29日，政府在克尔曼省建立办公室，处理协调紧急救援行动，同时在巴姆市建立了与国际救援人员联系的另一个办公室。伊朗红新月会开始筹划建立学校和孤儿院。

12月31日，在灾区搭建了可供6万人居住的3个帐篷露营地。伊朗红新月会将灾区划分成27个分区，并准备按区发放食品赔给卡。

2004年1月4日，伊朗政府恢复外国人进入伊朗的签证手续，同时取消了外国飞机可以直接飞往克尔曼和巴姆机场的规定。

2.2.1.3 国际响应

北京时间12月26日22时30分左右，伊朗政府向国际社会发出援助请求，请求得到了国际社会的广泛响应。两天内，来自27个国家的34支搜救队陆续抵达巴姆，拥有560名医生和护士的13个国家的野战医院被派遣到灾区。5天内已有来自44个国家的1600名救援人员和161条搜救犬在灾区开展救援工作。两周内先后有200架来自不同国家的运送救援人员和救援物资的飞机降落在克尔

第2章　中国国际救援队国际救援行动

曼机场和巴姆机场。在历次国际人道主义行动中，该次救援规模最大，队伍和人数也最多。

地震发生后，中国政府高度关注。经国务院、党中央军委批准，于北京时间12月27日15时40分迅速派出中国国际救援队及随行记者共43人，从北京首都国际机场乘专机赴伊朗南部巴姆地震灾区执行救援任务。中国国际救援队队员为中国地震局9人（徐德诗、黄建发、孙柏涛、王满达、周敏、韩炜、许建东、张国宏、陈学忠），中国人民解放军总参谋部1人（田义祥），北京军区某部工兵团18人（马庆军、张健强、王念法、刘宏伟、吴苏武、夏宏亮、谭家红、张如达、曹志伟、侯保国、陈剑、艾广涛、朱金德、王平、宋超、袁本航、封彦杰、李玉金），武警总医院10人（彭碧波、吴学杰、郭晓东、李向晖、姜川、丁韬、雷联会、张成伟、封耀辉、马东星），随行记者5人（万灵、李清波、赵亚辉、张晓平、王雷）。

■ 中国国际救援队执行2003年12月26日伊朗巴姆6.3级地震救援任务现场合影

2.2.2　中国国际救援队救援行动

经过8小时空中飞行，救援队于北京时间12月27日23时50分抵达距离伊朗巴姆地震灾区180千米的克尔曼机场。救援队携带4条搜救犬、52种共

131件（套）救援装备和保障用品，以及中国政府捐赠灾区的部分救灾物资共计17吨。在当地救援人员的帮助下，队员们把灾区急需的帐篷、药品、毛毯、发电机等中国首批紧急援助伊朗灾区的近10吨救援物资搬运到开赴灾区的5辆大卡车上，搬运工作持续近5小时。

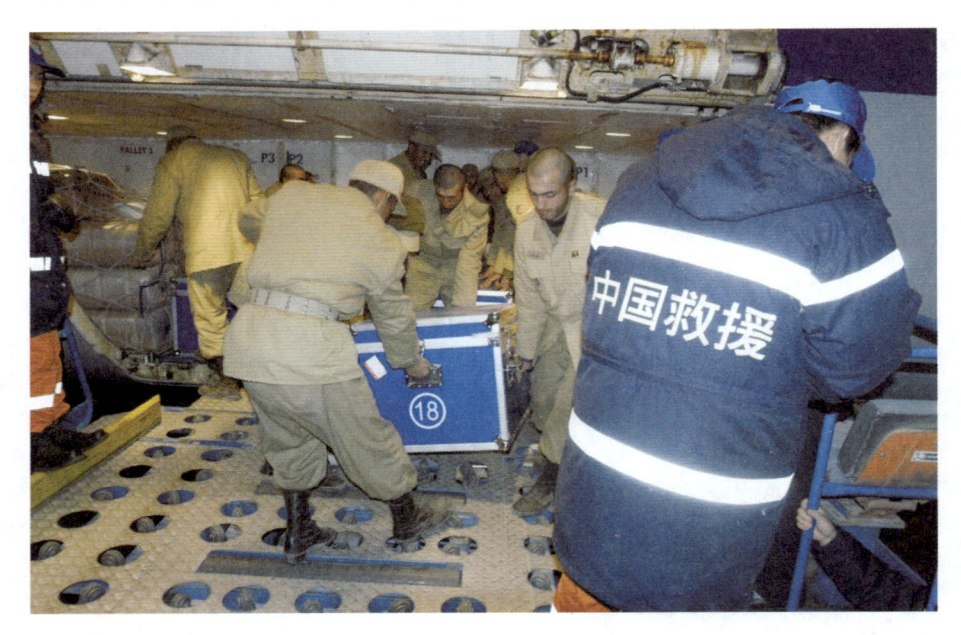

■ 与伊方人员共同搬运救灾物资

另外，在中国驻伊朗大使馆刘振棠大使的支持和沈云参赞及李建国两位秘书的协助下，救援队立即与联合国人道主义事务协调办公室设在机场的接待中心取得联系。28日清晨，救援队到达巴姆极震区，是亚洲第一支、世界第九支到达巴姆灾区的国际救援队，随后在伊朗开展了为期5天的国际人道主义救援工作。具体救援情况如下：

2.2.2.1 现场救援

当地时间28日凌晨1时，队伍离开克尔曼机场，向极震区巴姆进发，经过近6小时的路程（实际路程只有180千米），于当地时间清晨7时20分到达巴姆附近的地方临时指挥机构，并受命前往位于极震区塞泊哈镇（Sepeha）

第 2 章　中国国际救援队国际救援行动

开展救援行动。根据联合国人道主义协调办公室的安排，在位于塞泊哈镇5千米的地方开设了救援基地。

塞泊哈镇是地震受灾最严重的地区之一，90%以上的房屋被毁，当救援队到达时，看到不断有遇难者遗体被挖出，并且还有相当数量的灾民被压埋。在距离公路边几十米的一片空地上，密集地摆放着上百具遗体。当时的巴姆城已满目疮痍，当地的交通状况十分混乱，当地居民都在街头搭起帐篷，周围的上万平方米都已经被开辟成坟场。由于现场情况比较严重，在未与联合国人道主义事务协调办公室取得联系的情况下，应当地灾民要求，救援队马上组织队员进行搜救。期间救援队分成若干小组，与当地的搜救人员一起寻找幸存者。

■ 废墟空地上放置的遇难者

地震导致巴姆地区的管理完全瘫痪，混乱的秩序给救援工作带来了极大不便，同时救援队还面临着交通和语言等多方面的困难和障碍。对此，救援队指挥领导小组制定了以搜救为主、巡回医疗为辅的救援方案，整个救援过程都按照"询问了解、现场勘察、确定方案、展开搜救"的程序，采取"人工搜索、犬搜索、仪器搜索、技术救援"的方法，全力以赴开展救援工作。

28日凌晨4时45分，中国国际救援队车队从机场启程前往巴姆市，由于

中国国际救援队国际救援行动纪实

路况不好加之是深夜，7个多小时后，于28日11时才抵达位于地震中心的巴姆市灾区，成为继意大利之后第二支到达极震区现场的国际救援队伍。进入灾区后，队员们不顾长途疲劳，以最快的速度投入到搜救被压埋人员和医治伤员的工作中。搜救行动十分高效，平均不到10分钟就搜索完一个地点，经过1小时的搜救工作，没有发现可能生还的人员。队长命令队员们迅速前往基地，搭建帐篷，先安定下来，在总结此前搜索工作的同时布置下一步搜救任务。

■ 与当地搜救队员一起搜救遇难者

28日中午12时许，救援队到达基地开始搭建营地帐篷，期间发生了数次明显的地震。当天下午，救援队前往联合国协调中心报到，之后接受了联合国分派的任务并赶赴指定的地点进行搜索和营救。期间救援队将医护人员、搜索和营救人员以及所带的4条搜救犬分成两个小组，开始与当地的搜救人员一起寻找幸存者。队员们经过近3小时的努力，每个组都搜索了七八个点，但找到的都是已经被压埋致死的遇难者，没有找到一位生还者。随后对十几处倒塌房屋和一所学校进行搜索，并协助驻地附近的临时医院救治了很多伤员。令人印象最深的是对一所小学校遇难校长及其家人的搜救。

第 2 章　中国国际救援队国际救援行动

28日16时50分，救援小组在一所学校废墟处了解到该处可能有幸存者被困后，立即向指挥部进行汇报，徐德诗司长、田义祥副局长立即率领正在营地休整的队员携带着搜寻工具和搜救犬赶赴现场。队员们挑灯夜战（当地在17时左右天就渐渐黑了），到17时35分，挖出了第一具遇难者遗体，在随后的近1小时内，又先后挖掘出2具遇难者遗体。后来证实，遇难者为该校校长一家人。在该处废墟的搜救工作中，救援队队员和伊朗红新月会志愿者一起，使用了人工呼喊、犬搜索、仪器搜查、简易工具挖掘和推土机挖掘等搜救手段。救援工作持续到18时天黑实在看不见的情况下，队员们才离开搜救现场。当队员们到达基地搭建起帐篷、建立好大本营已是23时，筋疲力尽的队员们几乎不等倒下就睡着了。

12月29日，救援工作进入第三天。根据联合国地震灾区协调组织的安排，救援队被分成两个小组，每组各15人，均包括搜救人员、医疗人员、搜救犬和记者。他们分别到两个区域进行搜救，对巴姆市城区有关地点进行最后排查。29日11时45分，救援队接到当地民众的求援：他们正在搜索的一座民房曾经有4名大学生租住，当晚灯一直开着，怀疑那4名大学生被埋在废墟下面尚未获救，急需专业搜救队伍的帮助。

得到这一消息后，救援队立即赶赴现场，迅速按照预案展开搜救。搜索的地点位于主街南北方向5米的辅路向东15米处，圆形房顶的单层土坯房屋整体垮塌，与地面形成1米左右的空间，房屋东面一个小房子倒塌一半，其毗

■ 搭建营地并举行第一次会议　　■ 营地的物资和装备

邻的房屋也全部塌落成大土堆，房顶30厘米厚的土层也有再次塌落的危险。救援队队员进入现场实地勘察搜索切入点，先在坍塌的房屋顶部凿开一个洞口，使用搜救犬和蛇眼生命探测仪搜索，结果看到了一只戴着手表的手臂。为了不放过任何疑点，队员们使用液压顶杆顶撑20厘米宽的钢槽板做成的过梁打开空间，在对侧5米房顶处，另一组人员从上方打开直径1米的开口，实现了光线对射。队员们冒着生命危险从扒开的洞口钻进去，用手清除瓦砾碎砖直到废墟深部。

■ 使用先进设备和搜救犬实施救援

经过两个多小时的仔细搜索排查后，救援队没有发现任何生命迹象，只找到了一个被地震震坏的时钟，时钟显示了地震发生时的准确时间。后经反复查证，4名失踪人员在其他地区出现。原来，那几名大学生在地震发生的当天晚上到一个地方参加聚会，没有返回租住的房屋。当时由蛇眼生命探测仪看到的手表和手臂是否是一张从墙壁脱落下来的照片已无从考证。至此，救援队结束了3个多小时的艰苦搜索，随后继续转向新的工作地点。在当天10小时的搜救

第 2 章　中国国际救援队国际救援行动

时间里，队员们连续作战，对市区20多个地点进行了最后排查。至20时，救援队完成幸存者搜救任务后，开始把工作重心转入对伤员的医疗救助上。

■ 齐心协力在灾区进行救援

■ 震坏的时钟

中国国际救援队国际救援行动纪实

■ 救援队胜利归来

　　12月30日，救援队的工作重心已经从搜救幸存者转为处理伤者和无家可归的人，并对遇难者的遗体进行安葬。然而，队员们并没有就此完全放弃希望，他们始终精神饱满地与当地群众一起搜寻任何一个可能的生还者。那些天，救援队克服了气候恶劣、休息不足、余震不断、生活艰苦、交通不便、语言不通等重重困难，全力以赴投入工作，每天天不亮就出发，天黑才返回。根据联合国现场协调中心的统一安排，在伊方志愿者的协助下，中国国际救援队先后共搜索排查了近40个受灾点，发现22具遇难者遗体，并对11名伤者进行了医疗救治。由于当地建筑结构和施工材料的原因，没有在废墟中找到幸存者。

　　当地时间2003年12月31日23时50分，中国国际救援队乘坐民航专机从伊朗克尔曼机场起飞返回北京。

2.2.2.2 医疗救治

震后的巴姆，处于惊慌、混乱、拥挤当中。很多灾民居住在简易的帐篷中。夜间气温已经降到了零摄氏度以下，当地居民说，他们还有亲人被埋在瓦砾下面。附近的废墟中，已经开始散发出难闻的尸体腐烂气味。巴姆市的两家医院都在地震中被毁，许多医务人员也在地震中死亡，急需医疗急救人员和药品。12月30日，在现场搜救进入尾声时，按照联合国现场协调中心的建议，中国国际救援队正式转入医疗救助。医疗分队被分成数组，在医疗救援现场设立固定医疗点，同时组织医疗小分队到灾区伤员比较集中的地方进行巡诊，在扩大医疗救援范围的同时，方便灾民诊疗。这对增强救援队在灾区的影响，增进国家、人民之间的友谊，起到了非常显著的作用。

巡诊期间，医疗分队队员和部分搜救队员一起背着大量药品，不顾疲劳，对居住在帐篷里的灾民逐一进行巡查，对受伤的灾民及时采取救治措施。医疗分队巡诊了3个居民区的100多顶帐篷，先后为11名受伤的灾民进行了医疗救治，并对一些老人和儿童进行了医疗检查。期间，25岁的伊朗青年阿里在地震中被砸伤了脚，皮肤已经溃烂，医疗队员及时对他的伤口进行消毒包扎，控制伤情并给他留下了药品。阿里拉着医疗队员的手说："感谢真主，感谢中国救援队，你们是伊朗人民的朋友。"离开灾区前，医疗分队又向当地医疗机构赠送了部分急救药品和器材。

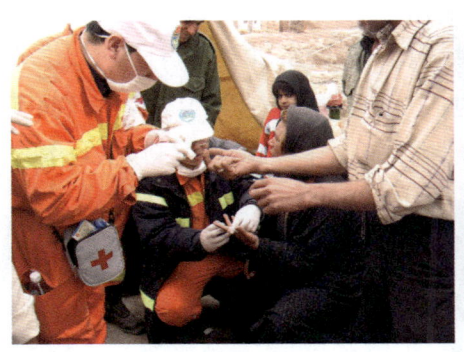

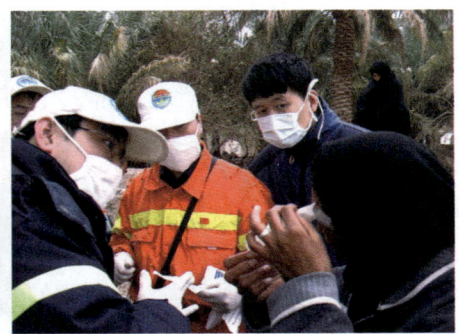

■ 现场救治受伤的灾民

2.2.2.3 卫生防疫

在地震灾区的医疗救援中，医疗分队的首要任务是帮助搜救队员进行医疗救助，除此之外，及时了解灾区的疫情变化并高度重视地震灾区的卫生防疫工作，也是医疗救援的重要任务。

因此，医疗分队每天还有一项重要任务——对搜救队员进行卫生保障。医疗分队会根据灾区的情况，对队员进行健康教育，并根据灾区疫情和实际需要，为队员进行预防接种，并每天安排专职医生负责队员的保健，监测队员健康状况，监督队员的饮食安全和个人防疫措施的落实情况。搜救队员每次从现场回来，医疗队员都要对他们和搜救工具进行卫生消毒，防止将现场的病菌及污物带入营地，以彻底切断传染病的传播渠道。与此同时，医疗分队还在当地进行了医学救助常识的普及，积极对灾民进行健康教育，每到一处都给灾民宣讲防病知识，发放消毒药品，对灾民的生活环境进行消毒，监测传染病流行情况。队员们还让伊朗当地居民学会并掌握了一定的救助技巧，方便他们自救互救的同时，也发扬"以最快的速度抢救更多的生命"这一中国国际救援队医疗分队的救援理念。在形势十分复杂的灾区，确保自身安全，是保证救援行动顺利实施的重要条件。

2.2.2.4 综合保障

1. 人员保障

向伊朗派出的救援队由38名救援人员组成，都是业务过硬的骨干，不仅有搜救经验，还有一定的外语能力。中国国际救援队38人中有医护人员10人、搜救人员19人、地震专家9人（包括工程结构专家、通信专家、地震预报专家、地震地质专家和装备技术专家等），此外还有5名记者和4条训练有素的搜救犬。

2. 设备保障

在地震灾害中对生命威胁最大的就是城市现代化建筑的倒塌，要想在钢筋混凝土废墟中营救出被压埋的人员，救援设备保障就显得分外重要。该次救援队携带的设备十分先进，有100余种，共计10吨。按照用途这些设备分为五大类：搜索工具、营救设备、通信设备、动力保障设备和医疗救助设备。

以下的救援设备堪称救援设备中的六张"王牌"：

一是光学声波探测仪。又称"蛇眼"，是利用光反射原理来进行生命探测的。仪器前面有细小的探头，可放入极微小的缝隙探测，类似于摄像仪器。救援队队员将探头放入需要探测的地方后，探头可360度旋转，利用观察器就可以将探头探测到的地方看得清清楚楚。

二是声波探测仪。声波探测仪利用声音的震动来搜寻遇险者，仪器的灵敏度非常高，只要幸存者发出微小的声音，声波探测仪就可以探测到。被埋在瓦砾中的遇险者即使已经不能说话，但只要能用手指轻轻敲击发出微弱的声响，声波探测仪也能够及时捕捉到。

三是红外线探测仪。夜晚照明不足是影响救援工作及时开展的一个重要因素，为了赢得更多的救援时间，救援队队员利用红外线探测仪在黑暗中靠温度来探测灾害现场是否有生命存在。

四是液压钳。救援队队员随身携带的液压钳体积也不过普通钳子大小，但由于其应用了液压原理，一把液压钳能把倒塌房屋中纵横交错的钢筋一根根剪断，为营救赢得宝贵时间。

五是月球灯。救援队队员还随身带有月球灯，两个月球灯就能够照亮一个足球场那么大的地方。

六是气袋。在救援队队员随身携带的工具袋中，有一只不过1米见方的气袋，它可以把楼板抬起、将钢丝顶弯。这个小小的气袋能够顶起68吨的重物。以往救援队队员对夹在两层楼板之间的遇险者无从下手营救，现在可以用气袋将楼板顶开，将遇险者营救出来。

3. 国际救援协调

国际救援行动是各国国际救援队的协调统一行动。在该次国际救援行动中，联合国人道主义事务协调办公室的作用显著。来自34个国家的42支队伍共1636名救援人员先后到达灾区，在交通运输、翻译、现场组织和调配等灾

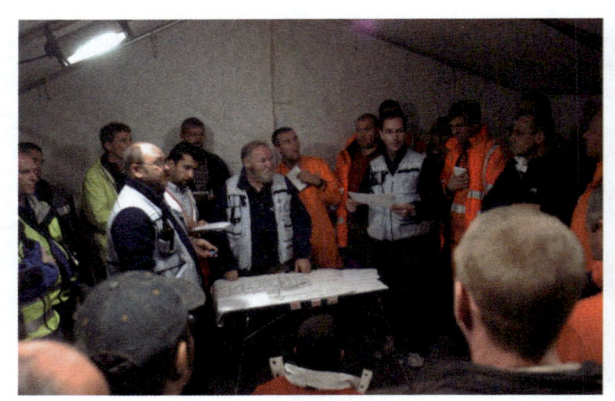

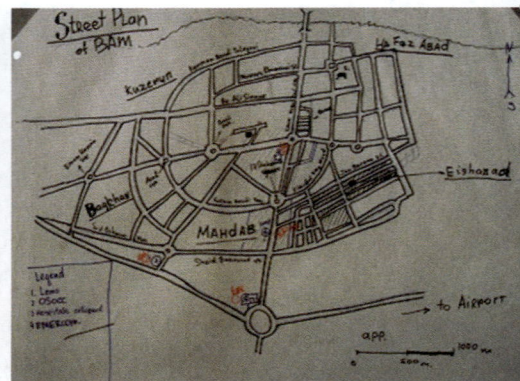

■ 国际救援协调现场及图件

区政府工作不正常的情况下，该组织的协调是必不可少的。通过协调，灾区政府和各国救援队相互交流信息和配合，保证救援工作相对有序。中国国际救援队对协调工作给予了极大的支持，派出中国地震局工程力学研究所的孙柏涛和地质研究所的许建东两位专家（他们也是联合国人道主义事务协调办公室灾害评估与协调机构的委员）直接参与了协调工作，使中国在联合国人道主义事务行动的协调中发挥了积极的作用和影响。

4. 其他

救援任务的圆满成功还有赖于以下方面：

一是国务院、中央军委及时把握出动救援的机遇，英明果断决策，大力度、全方位调度和部署，为救援队所有的行动和保障大开绿灯。

二是所有与救援队行动有关的单位紧密配合、全力支持，为救援队行动提供了重要保障。

三是由中国国际航空公司领导亲自驾机送、接救援队；中国驻伊大使馆官员与救援队同吃同住，为救援队解决了许多救援中遇到的困难。

四是在救援队后方，中国地震局随时与前方保持联系，中国地震局机关各部门的协调、保障和鼓励，使整个救援行动稳定、有序、有效进行。

2.2.3 救援行动亮点

第一，作为一支国际救援队，其首要任务就是搜救生命。在救援行动中，救援队全体队员吃苦耐劳、连续作战、尽心尽力、顽强拼搏、团结协作、配合默契，在各自岗位上服从命令、听从指挥、尽职尽责，有效地发挥平时的训练水平，进行了科学组织和救援。该次救援展示了中国在国际人道主义事务中积极负责的大国风范，不仅巩固和扩大了中国的国际影响，提升了中国的国际地位，维护了中国主权，而且增进了中伊两国政府和人民的传统友谊。同时，再次检验了救援队的实际救援能力，为以后参加国际地震救援积累了宝贵经验。

第二，救援任务的圆满完成，首先归功于党中央、国务院、中央军委的英明决策及各级领导和有关部门的关爱与支持。赴伊执行搜救任务，是中国国际救援队当年继赴阿尔及利亚执行救援任务后，第二次赴境外实施地震紧急救援行动。党中央、国务院和中央军委首长对救援行动做了重要批示；中国地震局领导和军队首长分别对救援队提出了具体要求和殷切希望；各级首长的指示为救援队正确实施救援指明了方向；国家有关部门为救援队的快速、顺利出境、通关提供了一切便利条件，使救援队成为亚洲第一支、世界第九支到达伊朗灾区的国际救援队；有关新闻媒体全程跟踪，对搜救行动给予了及时、准确的报道，极大地鼓舞了全体队员不畏艰险、连续作战、敢于胜利、团结协作的战斗意志，进一步坚定了全体队员不负重托、顽强拼搏、圆满完成救援任务的信心。驻伊大使馆和救援队领导对救援行动中涉台问题的科学协调，成功地挫败了台湾当局企图打着人道主义救援的幌子，搞"两个中国"或"一中一台"的图谋。救援队在伊期间，自始至终在驻伊大使馆的协调下开展工作，刘大使多次了解情况、做出指示，并在交通、翻译、生活等方面给救援队提供了大力支持和帮助。所有这些都使救援队深深感受到中央领导集体在处理国际事务中稳健、务实的大国风范，感受到逐渐崛起的中国在国际舞台上正在扮演着重要的角色，感受到中国政府履行国际义务，维护世界和平、安宁，促进世界共同繁荣的大国风采。同时，也深刻体会到，有党中央、国务院的英明决策，有强大的祖国作后盾，有中国人民的大力支持，有各级领导的关心厚爱，就没有战胜不了的艰难险阻，没有完成不了的任务。

第三，救援任务的圆满完成，再一次说明全体队员具有胸怀全局、不负重托、团结协作、为国争光的崇高精神境界和强烈的大局意识。赴伊执行救援任务期间，每名队员都视祖国的荣誉为生命，自觉把维护祖国利益、展示大国形象放在高于一切的位置上，把自己的一言一行、一举一动与祖国的利益和人民的重托紧紧联系在一起。救援中，全体队员团结拼搏、通力合作、科学分工、不分你我，时刻想着自己代表的是日益强大的中国，处处以自身良好的形象和过硬的作风，展示着中国作为一个有影响的发展中大国在履行国际人道主义救援义务中的风范，把中国政府和中国人民的美好祝福和深情厚谊带给了伊朗政府和人民。特别值得一提的是，使馆人员和部分中国留学生始终与救援队吃住在一起、工作在一起，不分白天黑夜、不顾疲劳危险，完全成了救援队中的一员。所有这一切都让大家深深体会到，任何时候、任何情况下，祖国的利益都永远高于一切。无论条件多么艰苦、环境多么复杂、任务多么艰巨，只要时刻胸怀祖国、精诚团结、通力合作，就一定能够攻必克、战必胜，圆满完成各项急难险重任务。

第四，搜救任务的圆满完成，再一次表明救援队已经具备了境外地震救援的实战能力。伊朗地震震级高，伤亡惨重。队员们克服了震区气候恶劣、环境复杂、生活艰苦、昼夜温差大、交通通信不便等重重困难，以饱满的热情、旺盛的斗志投入到救援行动中。每到一处受灾现场，队员们都及时准确地从幸存者中详细了解被压人员的情况，并对废墟的安全系数进行科学评估，周密制定救援方案，注重把科学救援、安全救援的理念贯穿于救援全过程。救援行动的成功，再次向国际社会和国外同行展示了中国国际救援队顽强的意志、精湛的技能、过硬的素质和良好的作风，显示了救援队已经完全具备了科学救援的实际能力。该次救援行动再次启示救援队，完成紧急救援任务，队员坚韧不拔

第 2 章　中国国际救援队国际救援行动

的毅力是前提，科学组织、科学救援是保证，只有平时严抠细训、科学组训，才能安全、顺利、圆满地完成各种条件下的救援任务。

第五，在现场搜索救援中使用了先进的搜索、挖掘、扩张、支撑等救援装备及搜救犬，圆满完成了救援任务。救援队快速的反应、良好的素养、切实有效的救援工作得到了联合国官员、现场协调中心负责人、联合国灾害评估与协调队队长兰德先生的高度评价，称赞中国国际救援队是一支有着良好素养的专业队伍。兰德还专程到救援队营地，请求中国派出两名地震灾害评估专家协助组织与协调国际救援队的工作。

第六，在地震救援过程中，各国救援队团结合作，互相补充，发挥了积极而重要的作用。伊朗外长哈拉齐30日高度评价包括中国国际救援队在内的国际救援组织在巴姆地区进行的搜救工作。联合国秘书长安南也致电联合国现场指挥中心，对救援队的工作表示满意和肯定。

第七，中国国际救援队的救援行动，在伊朗政府和人民中产生了广泛的影响，获得了高度评价。救援队所到之处，总能听到灾区人民发自内心的感谢："中国朋友""感谢你们"……当地新闻媒体对中国国际救援队的救援行动进行了大量报道。伊朗外交部主管国际事务的负责人称赞中国国际救援队："在所有65支参与救灾的国际救援队中，中国国际救援队是最早到达灾区的国际救援队之一。患难见真情，你们的工作非常出色，伊朗人民是永远不会忘记的。我们非常欢迎中国继续参与巴姆地震灾区的恢复重建工作。"在救援队撤离前，伊朗武装部队总司令给救援队发了诚挚的感谢信。

第八，注重对救援地区多方信息的搜集，是顺利完成国际救援任务的重要因素之一。搜集的信息包括灾区的宗教信仰、民俗民情、疾病流行、伤亡情况、天气情况、急需物资等。对灾区情况了解得越详细，救援的前期准备工作就越有针对性（包括人员的配备和药品、医疗器械、装备的准备等），这些都会使救援行动进行得更加顺利。伊朗是伊斯兰国家，对妇女的着装有严格的规定，救援队专门为女队员准备了头巾，小小的头巾在灾区救援中产生了很强的亲和力，充分尊重了当地的习俗。在对灾区的女患者进行检查时，救援队员会事先征得其家人的同意；不随意对女性灾民进行拍摄；在进行宗教仪式时不围观。这些细小的文明举动，在灾民中产生了很好的反响。

2.2.4 救援行动存在的不足

该次救援行动主要存在以下不足之处：

第一，在装备上，救援队缺乏污水处理净化设备，没有专用运输机，很多救援设备与器材无法随救援队一起到达现场，大大影响了救援能力的发挥。

第二，在队伍训练上，在加强救援队队员训练的同时，还亟须培训一批高素质的应急救援现场指挥官，提高他们的组织、协调和指挥能力，为以后更好地开展救援工作服务。

第三，对信息来源的可靠性掌握不足，致使出现对地震救援信息的误判和资源的浪费。

第四，由于平时训练手段欠缺，在使用设备的过程中会产生误判，平时训练时会使用是一回事儿，在特定现场会使用又是另外一回事儿。

第五，在救援过程中对可能发生的二次坍塌预判不够，对灰尘认识不足，未佩戴呼吸面罩就进入现场实施救援。

回顾赴伊朗执行救援任务的整个过程，尽管圆满完成了救援任务，为祖国争得了荣誉，但与其他救援队相比，在救援理念、救援保障上还有一些地方需要改进。在救援理念上，应牢固树立确保自身安全是为了更好地实施救援、保存体力是完成任务的前提的观念，既要倡导无私无畏、勇敢顽强，又要突出安全、科学救援。在救援保障上，应围绕提升救援能力，不断优化运行机制，完善救援器材设备。

参考文献

[1] 陈学忠，许建东.2003年12月26日伊朗巴姆地震[J].国际地震动态，2004（2）:21-23.

[2] 苏卫江,苏宗正.2003年12月26日伊朗巴姆地震[J].山西地震,2004(2):47-48.

[3] 陈虹,田义祥,赵明.联合国召开伊朗巴姆地震/摩洛哥地震救援总结大会[J].国际地震动态,2004(7):34-38.

[4] 陈虹,王志秋,周敏,等.伊朗巴姆地震中的国际救援情况[J].国际地震动态,2004(5):6-12.

[5] 徐德诗.中国国际救援队参加伊朗地震紧急救援工作[J].国际地震动态,2004(2):24-27.

[6] 吴学杰,郑静晨,侯世科,等.国外地震灾区紧急医疗救援实施对策[J].中国急救复苏与灾害医学杂志,2006(Z2):167-169.

2.3 海啸之殇 我们为印尼人民抹去

——2004年12月26日印度洋地震海啸救援

摘要

当地时间2004年12月26日0时58分,印度尼西亚苏门答腊岛西北近海发生8.7级地震。地震及震后海啸在东南亚及南亚地区造成巨大伤亡。中国国际救援队先后派出两批共74名队员,参加了救援队组建以来实施的规模最大、时间最长、任务最重、影响最为显著的一次救援行动。救援队第一批队员于2004年12月30日出发,31日抵达班达亚齐灾区开展紧急救助工作,2005年1月12日7时返回北京,历时14天。在重灾区共医治伤员7000余人,清理遇难者遗体几十具,协助当地政府恢复医院3所,为联合国有关机构和当地政府等有关部门提供多份灾情评估报告和余震序列分析报告。救援队第二批队员于2005年1月11日12时45分从北京首都国际机场出发,2005年1月26日凌晨5时返回北京,历时16天,共救治伤员1000余人,为近3000名难民提供了医疗帮助。中国国际救援队医治了近万名灾民,完成了400多次手术,救治了300多名危重伤病员,搜索清理了69具遗体,进行了积极的卫生防疫,保障了灾区无数灾民的生命安全,出色地完成了任务,受到了广泛的好评。

2.3.1 灾害基本情况和国际响应

2.3.1.1 基本灾情

当地时间2004年12月26日0时58分(北京时间2004年12月26日8时

58分），印度尼西亚苏门答腊岛（Sumatra Island）西北近海（北纬3度19分0秒，东经95度51分14.4秒）发生8.7级地震，震源深度30千米。震中距海岸约30千米，距棉兰约300千米，距班达亚齐约200千米。

美国地质勘探局测得的地震规模为矩震级9.1级，美国西北大学的研究团队测得的地震规模为矩震级9.3级。印度洋大地震是继1960年智利大地震（9.5级）及1964年阿拉斯加耶稣受难日地震（9.2级）后的又一次强震，是2000年以来规模最大的地震。主震发生后的当天又发生了多次余震，其中5级以上的强余震达16次，最大余震震级为7.1级。安达曼群岛（Andaman Islands）在震后的几小时里发生了多次5.7~6.3级的余震，在尼科巴群岛（Nicobar Islands）也有余震发生。

地震引发了大规模的海啸，高度达15~30米，而且第二波海啸高度为51米。东南亚、南亚和非洲多个国家遭受地震海啸的严重袭击。海啸的波及范围达到6个时区之广，仅次于1960年智利大地震所引发的海啸。肯尼亚、索马里、毛里求斯、法属留尼汪、塞舌尔、马尔代夫、印度、孟加拉国、斯里兰卡、缅甸、澳属科科斯（基灵）群岛、印度尼西亚、泰国、马来西亚和新加坡都遭到海啸的冲击。海啸所过之处一片废墟，惨不忍睹，造成了不同程度的人员伤亡和经济损失。

地震及震后海啸在东南亚及南亚地区造成巨大伤亡，遇难和失踪人数至少30万人，数百万人无家可归。其中，印尼受袭最为严重，据印尼卫生部称，该国共有238945人死亡或失踪，已经确认死亡的人数达到111171人，失踪人数则为127774人。斯里兰卡是受袭严重程度仅次于印尼的国家，其遇难者总人数约为30957人，失踪者约为5637人。

印度尼西亚的苏门答腊岛西海岸一线的亚齐省（Aceh）和苏北省（Sumatera Utara）部分地区遭到非常严重的破坏。受灾地区涉及亚齐省的美仑县（Bireuen）、东亚齐（Aceh Timur）、北亚齐（Aceh Utara）、班达亚齐（Banda Aceh）、司马威（Lhokseumawe）、比帝县（Pidie Jaya）、查雅亚齐（Aceh Jaya）、中亚齐（Aceh Tenga）、西默鲁（Simeulue）、西亚齐（Aceh

Barat)、西南亚齐（Aceh Barat Daya）、纳岸拉亚（Nagan Raya）等12个县市和苏北省的尼亚斯（Pulau Nias）。受灾最为严重的地区为亚齐省北起班达亚齐市、南至美拉乌（Meulaboh）沿海岸线长约200千米、宽1~10千米的区域。该区域房屋倒塌，路桥被冲毁，村庄被夷为平地，近乎成为无人区。

根据印度尼西亚国家发展计划署的统计数据，共有约1000个村庄及社区受到影响，127000间房屋完全被毁，另有约152000间房屋损毁严重。大量房屋损毁，造成603518人无家可归，房屋损失估计达14亿美元。

■ 地震海啸过后的街道

重灾区班达亚齐市损失惨重，地震和海啸导致房屋倒塌，桥梁被毁，电力供应和电话网络中断。海啸还造成灾区的道路、桥梁等基础设施大部分被毁或被泥砂杂物掩埋，陆路运输中断，亚齐省和苏北省各有5个和9个港口受损。机场基础设施损坏相对较小。发电设备基本未遭到明显破坏。班达亚齐市仅部分民用配电线路遭到一定损坏，受损严重的是西海岸输变电设施。供水设

第 2 章　中国国际救援队国际救援行动

施基本被破坏。海啸过后灾区处于停水、停电状态。固定通信设施基本被破坏，但移动通信设施基本未被破坏。

灾情发生后，受到海啸袭击的各国采取了积极的自救措施，力求将损失降至最低。印尼总统苏西洛（Susilo）在得知地震消息后，宣布苏门答腊附近海域发生的强烈地震为国难。他对在地震及其引发的海啸中的死难者表示哀悼，并指示副总统卡拉（Kalla）、相关内阁部长、印尼国民军司令和印尼国家警察总长等采取有力措施，尽力对受灾地区进行援救；指定北苏门答腊省会棉兰（Medan）为临时救援中心；呼吁全国人民齐心协力，对受灾地区的同胞进行救助。印尼政府将通过联合国人道主义事务办公室（OCHA）向全世界发出赈灾救援请求。

2.3.1.2　国际响应

中国国家主席胡锦涛对受灾国家遭受强烈地震和海啸造成重大人员伤亡和财产损失表示诚挚慰问，对遇难者表示深切哀悼，并且立即指示中国外交部，迅速向有关国家了解情况，全力协助救助受困的中国公民。中国政府决定向印度、印度尼西亚、泰国、斯里兰卡和马尔代夫提供总金额为2163万元人民币的食品、帐篷、线毯等紧急救灾物资和现汇援助，以缓解灾害造成的巨大损失。后来，中国政府再向地震和海啸受灾国追加5亿元人民币的援助。

党中央、国务院对该次巨大灾难十分关注，除提供人道主义物质援助以外，决定派出中国国际救援队赴印度尼西亚实施现场救援。当地华人华侨、中国驻印尼大使馆和印尼军方对救援行动高度重视，大力支持，密切配合救援队开展有关工作。

中国国际救援队第一批队员由中国地震局副局长赵和平带队，由医疗救护人员、地震和搜救专家及随行记者共35人组成，协助灾区政府开展紧急医疗救助、疫病防治和搜救行动。中国国际救援队第一批队员为中国地震局6人（赵和平、黄建发、王满达、张晓东、司洪波、索香林），中国人民解放军总参谋部1人（田义祥），北京军区某部工兵团8人（袁本航、夏宏亮、王平、卢杰、王念法、张如达、刘刚、张健强），武警总医院16人（郑静晨、侯世科、彭碧波、汪茜、吴学杰、吴敏、高歌、封耀辉、李向晖、刘元明、樊毫军、马东星、丁韬、雷联会、蔡晓军、刘亚华），随行记者4人（汪曙光、李清波、赵亚辉、翟伟）。

■ 印度尼西亚副总统卡拉会见中国国际救援队领队赵和平和副领队黄建发

■ 中国国际救援队第一批队员执行2004年12月26日印度洋地震海啸救援任务现场合影

第 2 章 中国国际救援队国际救援行动

根据印尼灾区救灾的需要，2005年1月11日12时45分，中国国际救援队第二批队员乘国航包机前往印尼班达亚齐重灾区，轮换第一批救援队队员，继续开展援助行动。第二批救援队队员由中国地震局副局长刘玉辰带队，以医疗救护和卫生防疫人员为主，共39人，同机还携带了9吨医疗救护装备和物资。中国国际救援队第二批队员（含第一批留守队员）为中国地震局6人（刘玉辰、吴建春、陈虹、王志秋、韩炜、李尚庆），中国人民解放军总参谋部1人（宋建新），北京军区某部工兵团7人（王炳全、李华、朱金德、何红卫、胡杰、赵小云、程飞），武警总医院21人（杨造成、陈虹、程纪群、高进、刘庆、刘爱兵、管晓萍、公静、张仲文、刘勇、韩承新、张开、张成伟、张庆江、陈晓阳、王军、张永清、刘万芳、侯世科、吴学杰、李向晖），随行记者4人（万灵、李本扬、李晨曦、文林）。

■ 印度尼西亚社会福利统筹部部长、国难救援指挥中心亚齐地区总指挥阿尔维·史巴比会见中国国际救援队领队刘玉辰

■ 中国国际救援队第二批队员执行2004年12月26日印度洋地震海啸救援任务现场合影

该次救援行动是中国国际救援队继2003年赴阿尔及利亚和伊朗实施地震救援后，第三次赴境外开展的救援行动。中国国际救援队派出了规模空前的专业医疗救援队，同时首次派出女医疗队员随队参加地震灾害救援行动。

2.3.2　中国国际救援队救援行动

2.3.2.1　应急响应

地震发生后，中国地震局迅速查询地震相关信息，启动国外大震的应急预案，收集灾情，了解当地人员伤亡和财产损失情况，跟踪伤亡人数报道。另外，汇集专家意见，对地震灾害做好初步评估，提出应急建议，做好救援准备。

同时，经与外交部和驻外大使馆沟通，按联合国的要求，派遣灾害评估队员郭迅赴斯里兰卡，郭迅成为中国首位被派往灾区执行联合国灾评任务、最早到达灾区的队员。

12月29日21时，赵和平和黄建发参加外交部召开的部际协调会议，主动提出为做好对印度洋地震海啸受灾国的援助，中国国际救援队可赴印尼灾区参加救援。会议决定立即派出救援队，同时下达出队命令。按照党中央和国务院的要求，在参加部际协调会议的外交部、民政部、财政部、商务部、卫生部、地震局和军队等20多个单位的密切协作和社会各界的通力配合下，包括搜救、医疗、后勤、通信等救援物资调配，飞机联系，航线确定，出国手续（签证）办理等工作紧张有序进行。救援队于12月30日10时出发前往印尼班达亚齐重灾区。

2005年1月11日，中国国际救援队第二批队员乘国航包机前往印尼班达亚齐重灾区，轮换2004年12月30日出发的救援队第一批队员，继续开展救援工作。

赵和平率第一批队员于2005年1月12日上午顺利抵达首都国际机场。救援队第二批队员于2005年1月26日5时返回北京，历时16天。在该次救援行动中，队员们发扬救死扶伤的人道主义精神，积极投入灾区的地震调查、搜救、医疗救护、卫生防疫工作中，圆满完成了任务。

2.3.2.2 应急救援

1. 现场救援

在中国国际救援队中，搜救分队的8名队员来自中国人民解放军北京军区某部工兵团，平均年龄不到25岁，但思想过硬、作风顽强、技术精湛、经验丰富，参加过多次地震救援行动。在中国国际救援队搜救分队队长袁本航的带领下，这支队伍出色地完成了艰难的救援任务。

救援队携带7吨物资（设备和药品），在高温天气下经过超过4次中转、装卸，保护所有救援物资安全顺利到达灾区。

到达灾区之后，根据联合国现场指挥中心的要求，搜救分队又同新加坡队、墨西哥队组成联合搜救队，连续几天对15个区的18个点进行了拉网式搜

中国国际救援队国际救援行动纪实

■ 装卸救援物资

救，共搜出遇难者遗体30具。

灾区现场，处处是断壁残垣，废墟堆积如山，高度腐烂的遗体随处可见，发出的阵阵恶臭令人窒息。在这种环境下，队员们不得不穿着密不透风的防护服、救援鞋，戴着三副手套、三层口罩和头盔。为了防止感染传染病，医生要求队员们中午在现场尽量不要吃饭、喝水，这对队员们的体力、耐力、心理素质等都是一次综合的考验和极限挑战。

2005年1月3日，中国和新加坡联合救援队在班达亚齐受灾最为严重的临海小镇塔曼锡斯瓦（Taman Siswa）展开了搜寻幸存者和清理遇难者遗体的工作。整个小镇墙倒屋塌、废墟遍布，污浊的泥浆和破碎的砖块满地皆是。碗口粗的钢柱被海啸冲击得弯弯曲曲，粗大的水泥桩被拦腰冲断。中国国际救援队搜救分队队长袁本航带领队员们利用仪器确定遇难者的位置，清理遗体。

当地的高温天气导致遇难者的遗体高度腐烂，甚至骨肉分离。救援队的队员们用塑料布小心地盖住遗体，再轻轻翻转过来，细心地用绳子捆扎好塑料袋口后，抬到道路旁，等待当地政府派人处理。当天，救援队在废墟中共清理出10具遇难者遗体，其中包括2名遇难女童。

第2章 中国国际救援队国际救援行动

1月6日，在一次搜救行动中，为了搜寻一名妇女的遗体，在37摄氏度的高温下队员们利用所携带的先进设备搜寻了1个半小时，终于在废墟下面找到了遇难者。但在清理过程中，遇难者的右小腿被直径10厘米的椰子树枝死死缠住。当时已是地震发生后的第12天，遗体已经高度腐烂，若处理失误，遗体很难保持完整。经过短暂的思考，袁本航决定分组展开行动，用队员们携带的军刀进行跪姿作业。经过几名队员的共同努力，遗体终于被完整地抬了出来，围观的群众都流下了感激的泪水，其他救援队也为中国国际救援队的队员们竖起了大拇指。

随着救灾工作的深入展开，搜救分队的主要工作从清理遗体转换到恢复重建医院上。

在班达亚齐市第三大医院扎耐尔·阿比丁医院（Zainoel Abidin Hospital），

■ 检查缝隙之中是否还有生命的存在

灾后清理与恢复工作异常艰难，几乎每天一场的暴雨增大了清理的难度。虽然两周前的那场海啸没有将医院的房屋冲垮，但深达1米的海水退去后，医院数千平方米建筑物内留下的是大量垃圾和数十厘米厚的淤泥。在30多摄氏度的高温下，屋里闷得像个蒸笼。搜救队员们身上厚厚的救援服不到半个小时便被汗水浸透，在半尺多深的淤泥中连续工作了4天，每天连续工作超过7小时，共清理出100多间病房和300多套（400多件）医疗设备。

■ 在亚齐市医院进行清淤工作

1月9日，印尼卫生部长视察医院工作时看到满身是泥的中国国际救援队队员，竖起了大拇指，并主动与队员们合影留念。为表达谢意，医院为每名队员专门制作了纪念牌。

在班达亚齐开展救援行动的过程中，中国国际救援队受到了当地人民的热情欢迎，得到了广泛的好评。

第 2 章　中国国际救援队国际救援行动

2. 医疗救治

2004年12月29日23时，中国国际救援队副总队长兼首席医疗官、武警总医院副院长郑静晨接到上级准备出队的命令后，立即通知救援队队员集结，筹备药品和设备。救援队第一批队员于12月30日10时乘专机飞往班达亚齐进行救援行动。

当地灾情严重、伤亡众多，中国国际救援队凌晨到达班达亚齐机场后立即开始机场的巡诊工作，随后分组开展医疗行动。根据实际情况，医疗队因地制宜，实行阶梯治疗、分级救治。每天医疗队队员被分为3~5组开展工作，历时14天，先后为7000余名伤病员提供了各种医疗救助，其中儿童和孕妇约占总数的1/3，开展手术284例，救治危重病人92例。对肺炎、支气管炎、哮喘、肠炎、皮炎、糖尿病、高血压、失眠等进行了内科治疗，并开展了感染伤口换药、烧伤换药、清创缝合、骨折复位、固定及全麻手术等外科处理。队长郑静晨带领队员们完成了以下工作：

巡诊工作。组织医疗队员坚持每天到难民拥挤的班达亚齐机场巡诊，每天巡诊人数在300人以上。受灾最重的洛克雅（Lhoknga）郊区灾前有21个村，约25000名居民，灾后仅存7000余人，分布在8个难民营中，医疗队队员每天进入帐篷为灾民巡诊，极大地降低了伤员的死亡率、提高了治愈率，缓解了后期医疗救治压力。

联合转运。中国国际救援队首次与多国救援队联合转运及抢救伤员。机场的移动医院建成以后，联合转运中心（IOM）专门找到中国医疗队，邀请参与联合转运伤员。印尼军方直升机每天运来10余名危重伤员，医疗队队员立即进行检伤分类、心电监护、前期抢救，伤员病情稳定后转运到后方医院。联合国联合转运中心的协调员波克（Boker）先生对中国国际救援队的医疗工作给予了充分的肯定。

恢复医院。联合国在2005年1月6日宣布进入灾后重建阶段之后，医疗工作重心开始向城市内大医院转移，以促进大批量和高质量抢救伤员。中国医疗队在2005年1月1日开始着手恢复哥打仰度社区医院（Kota JanthoRegional

General Hospital）。随后联合其他外国救援队共同帮助恢复了班达亚齐市法基纳医院（Fakina Hospital）和班达亚齐市总医院。

防疫预防。针对灾区已经出现疫情，为了防止各种传染病的暴发及扩散，医疗队安排医疗队队员在各个巡诊点大力宣传卫生防疫知识，对当地医院、难民营生活区进行彻底消毒，并发放消毒药片、消毒喷雾剂、消毒纸巾等防疫物资。

卫生培训。医疗队充分发挥学历高、临床经验丰富、外语水平高的优势，加强了对新补充到当地医疗机构中的人员的医疗、护理、救护等技术培训，增强了当地医院收治病人的能力，促进了医院工作的恢复。

■ 对灾民进行巡诊

心理治疗。灾后大量难民精神失常、恐惧、焦虑、失眠、精神恍惚等各种心理创伤症状明显，救援队女队员以特有的温柔和爱心在治疗疾病的同时积极进行心理疏导，帮助当地难民恢复身心健康。

捐赠医药。针对当地缺医少药的状况，医疗队向哥打仰度医院捐赠了急需的药品及换药盘、绷带等医用材料。

自身保障。设立专人对救援队队员的健康进行保障，每天发放保健药品，对队员及时进行检查，对营区进出人员进行洗消，及时开展卫生防疫宣教，帮助营区做好生活用具的消毒，并加强饮用水的卫生监督与管理，保证了救援队的安全，没有发生因疾病减员的情况。

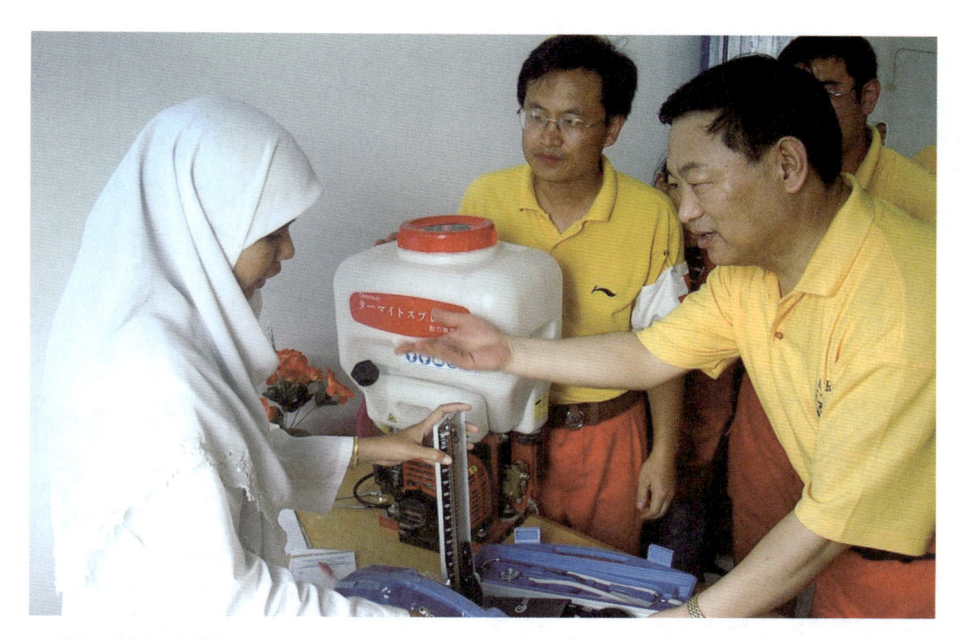

第 2 章　中国国际救援队国际救援行动

■ 进行医疗设备培训

1月11日，救援队第二批队员乘国航包机前往印尼班达亚齐重灾区，接替2004年12月30日出发的救援队第一批队员。该次行动严格按照国际救援标准程序开展，在出发之前所有队员都接种了预防疟疾、霍乱等的疫苗，回国后采取了集中医学隔离观察等措施，保证了所有队员的安全。

1月12日，中国国际救援队分组继续在印尼灾区开展医疗救助工作。第一组前往班达亚齐市总医院，为20名重病灾民进行医疗诊治；第二组前往哥打仰度社区医院，为18名伤员提供了医疗救治，并捐赠了电动喷雾器及消毒药品等；第三组前往机场巡诊，为216名待转运难民提供医疗帮助；第四组留守营地，清点医疗物资，并对救援队驻地实施防疫消毒。

1月13日，救援队的第一医疗组在班达亚齐市总医院为26名重病人进行了医疗诊治，指导并参与了该院重症病房的护理工作；第二医疗组在哥打仰度社区医院为包括56名儿童在内的158名伤员提供了医疗救治，并确诊疟疾病例1例；第三医疗组前往机场巡诊，为198名待转运难民提供医疗帮助，并对相关公共区域进行了防疫消毒。

另外，由于前期所建立的行动基地（Base of Operations，BoO）遭遇暴雨，帐篷严重进水，淤泥遍布，条件艰苦，无法继续使用。经过实地勘查并征得亚齐空军基地指挥官同意，领队刘玉辰和副领队宋建新组织开展了营地搬迁工作，救援队队员克服多重困难，将4顶帐篷移至新营地并进行了消杀工作。新营地毗邻印尼空军办公用房，宿营条件得到了较大改善，为救援队后期工作提供了有力保障。

■ 被雨水冲洗过的救援队通信、住宿帐篷

接下来的几天，中国国际救援队按照计划开展医疗救助工作。并且不断清理新营地的居住环境，搭建了简易冲洗房，修建了简易厕所。

为进一步扩大中国国际救援队的医疗救援深度和广度，自13日起，救援队开展了中国医疗办公区的淤泥清除消洗工作，经过4天努力，面积500多平方米的办公区被整治一新。截至1月16日，进入班达亚齐总医院参加恢复工作的有中国、澳大利亚、新加坡、德国、比利时、法国、美国、韩国和西班牙等国的医护队员，其中澳大利亚、新加坡、比利时、德国相继开设了相对独立

第 2 章　中国国际救援队国际救援行动

的医疗办公区。负责班达亚齐总医院急诊科的美国医生查看后，建议尽快将整治后的办公区投入使用，以缓解急诊科人满为患的状况。经与该院院长协商，同意中国国际救援队单独开诊，并提供有关办公用品。领队刘玉辰、副领队杨造成对大家前期的工作表示充分肯定，并决定在中国国际救援队医疗病区开展医疗工作。

随着队员对工作环境越来越熟悉，救援队工作成绩越来越显著，得到了外国同行的赞许，更得到了当地群众的信任，许多患者指定要求中国医生进行治疗。1月18日，在班达亚齐总医院召开的联合就诊协调会上，与会代表一致鼓掌同意正式设定中国医疗区。

■ 救援队创建的中国医疗区

1月20日，中国国际救援队在班达亚齐总医院开辟的中国医疗区正式投入使用，为后续队伍提供了良好的工作条件。同时，救援队继续分组在印尼灾区开展医疗救治工作。第一医疗组在班达亚齐市总医院中国医疗区正式接诊，全天共救治26名病人，并承担了总医院全部检验工作；第二医疗组前往库塔赞浩社区医院（Kuta Zainoel Regional General Hospital）开展医疗工作，为39名伤员提供医疗救治；第三医疗组前往机场巡诊，为280名待转运难民提供了医疗帮助,并对公共区域实施了防疫消毒;第四医疗组根据阶段工作情况,对剩余的医疗物资重新分类整理,保障供给。

■ 在亚齐省总医院中国医疗区进行清淤工作

救援队第二批队员于2005年1月26日凌晨5时返回北京,前后历时16天。在印尼班达亚齐的十多天里,救援队牢记祖国和人民的重托,发扬救死扶伤的人道主义精神,积极投入灾区的医疗救护、卫生防疫工作中,共救治伤员1000余人,为近3000名难民提供了医疗帮助。

在该次救援行动中,中国国际救援队医治了近万名灾民,完成了400多次手术,救治了300多名危重伤病员,搜索清理了69具遗体,对公共区域进行了防疫消毒。救援队携带的药品覆盖了当地所有病种,没有出现药品短缺现象,救治的各类病人数量居各国救援队前列。在救援行动中,医疗队完成了灾害现场急救—机场医疗转送—医院专科治疗三个阶梯的救治工作,受到了印尼政府和人民的高度赞扬,亦为后续实施大规模灾害救援卫勤保障积累了经验。

第 2 章　中国国际救援队国际救援行动

3. 综合保障

搜救行动的开展需要多方的保障，如后勤、生活、通信、装备等。除了搜救任务之外，搜救分队还承担着中国国际救援队的后勤保障工作。在各种条件

■ 中国国际救援队在印尼的救援基地

■ 救援基地庄严的升旗仪式

都很恶劣的灾区，要做好后勤保障，并不是一件容易的事情。尽管队员们并不是专业的保障员，但是他们边摸索、边实践、边完善，努力达到专业水平。

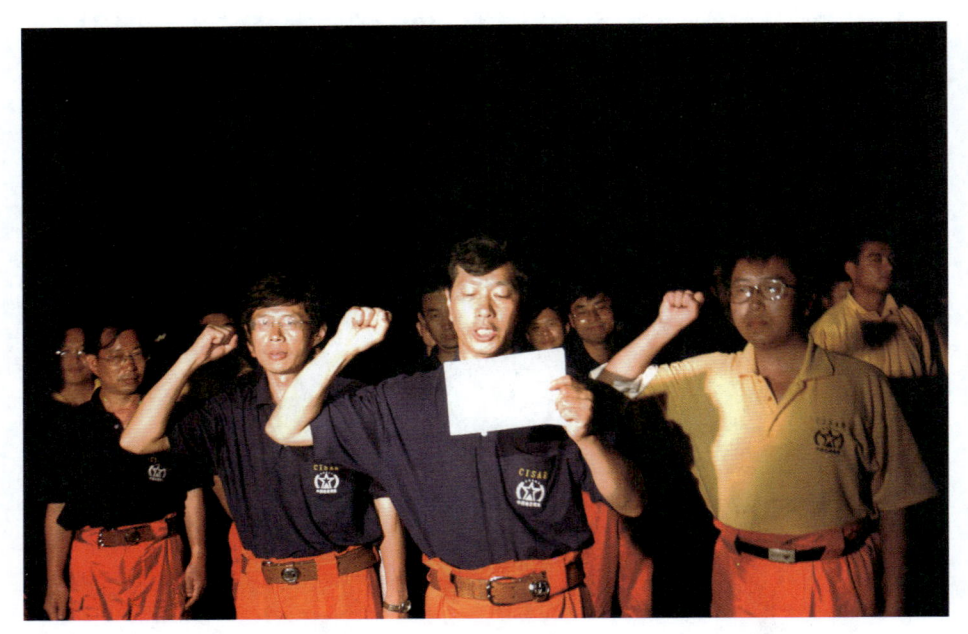

■ 在班达亚齐机场中国国际救援队基地，副领队田义祥带领救援队队员司洪波、丁韬宣读入党誓词

在基地的搭建中，队员们严格按照联合国的要求，结合队伍自身的特点，对基地进行了规范，建立了洗消区、工作区、生活区和保障区，并积极出主意想办法，立足现有装备，不断强化基地功能。队员们搭建了临时厕所、晾衣场；为了解决队员的洗漱问题，建立洗漱区，每天专门从附近的加油站抬水；为了保持营地的整洁，每天对基地和各帐篷进行检查和卫生清理。

除了生活保障外，队员们还要对基地进行24小时全天候的安全保卫。在白天完成搜救、清理和保障工作任务后，夜里每个队员还要完成近2小时的执勤任务。

在生活保障方面，精心筹划，始终做到了合理消耗、科学调节，确保每名队员每天副食达到"六个一"，即早上一杯营养粉、一碗粥、一个水果，晚上一碗汤、

第 2 章　中国国际救援队国际救援行动

一份青菜、一个鸡蛋，还保证了一日三餐的开水供应。此外，救援队还积极协助专家、医生和随队记者，做好了通信、医疗、电力、照明等保障工作。

通信在国际救援工作中发挥着非常重要的作用。在该次地震海啸救援行动中，中国国际救援队所携带的通信设备包括：海事卫星M4站2台、海事卫星Mini-M站1台、手持电台15部、车载电台2部、Scotty军用视频传输笔记本1台、打印一体机1台、多功能移动电源2套以及一些附件。这些设备在现场都发挥了重要作用，为圆满完成任务奠定了基础。

■ 调试海事卫星

现场搜救行动必须应用先进搜救装备和先进搜救技术。搜救分队在紧急救援行动中，充分发挥了先进科技装备的作用。比如红外探测仪，能够在黑暗、烟雾条件下根据温差来搜索幸存者的位置；扩张钳，携带方便，扩张力大，最大扩张力达到20吨；剪切钳，个头不大，重量轻，剪切力大，最大剪切力可达39吨……在所有的救援装备中，蛇眼和声波震动探测仪在之前的阿尔及利亚地震和伊朗巴姆地震救援行动中发挥了重要作用。在班达亚齐受灾最为严重的海滨区的救援行动中，在蛇眼的帮助下，中国国际救援队在短短1小时内就发现了5具遇难者遗体。

2.3.3 救援行动亮点

2.3.3.1 中国国际救援队首次派出2批救援队伍接力开展国际救援行动

印度洋地震海啸影响范围大，伤亡惨重，中国国际救援队先后派出两批共74名队员，奔赴印度尼西亚的班达亚齐重灾区进行人道主义救援行动。

第一批救援队员，经过十多天的高强度连续作战，体能和心理都有很大压力，而且救援队只携带了十余天的药品和给养，所以须进行必要的物资补给和人员更换。另外，灾区救援尚未结束，需要继续为尚未得到医治的伤病员提供医疗救治，以保持救灾工作的连续性。其他国家的国际救援队，如新加坡、马来西亚救援队也在筹备轮换事宜。随着救灾工作的推进，因灾害造成的伤病人员大部已经得到妥善治疗，伤病人员的总量呈下降趋势，救援重点由救治伤员为主逐步转为卫生防疫为主，需要专业化防疫队伍前往协助当地做好防疫工作。然而，中国国际救援队的医疗配备及人员只能应对紧急救治，当时的条件不具备承担可能出现的较大范围的疫情防疫和处置任务。考虑到灾情现实需求以及救援队的实际情况，中国地震局领导决定派出第二批救援队员接替第一批救援队员，继续提供救助，工作以卫生防疫为主，完成好国家赋予的使命和任务。

2.3.3.2 救援队首次参加了国际转运中心工作

1月4日，国际救援力量增加，联合国国际转运中心在班达亚齐机场设立了一个工作站。该工作站主要是利用直升机到偏远灾区空运一些危重伤病员到机场，在中心进行抢救，再转往他处治疗。工作站刚刚设立，联合国协调员波克先生就联系中国国际救援队，非常希望中国的医务人员能参加该项工作，为转运的危重病人提供帮助。对此，队长郑静晨抽调一组人员加入国际转运中心，并把救援队红色医疗帐篷搭建在联合转运中心，增大收治伤员的力度。这是中国国际救援队第一次加入国际转运中心工作，队员认真负责的精神给外国同行留下了极好印象，工作成绩赢得了大家的一致好评。

2.3.3.3　首支到达亚齐省总医院的外国救援队并创建中国医疗区

联合国于1月6日宣布进入灾后重建阶段后，中国国际救援队的工作重心开始向城内大医院转移，救援队独立恢复社区医院，并联合其他外国救援队恢复了班达亚齐市法基纳医院和班达亚齐市总医院。

中国国际救援队是第一支到达当地最大医院——亚齐省总医院的救援队。为了缓解大量危重病人就诊的压力，在领队刘玉辰的带领下，在总医院建立了中国医疗区。

海啸冲毁了医院所有的医疗设备，医院处处是淤泥，甚至还有遗体，平时拿手术刀的队员们用铁锹铲，用木板推，用肩扛，用双手抠出了总医院最大的国际病区——中国医疗区。中国医疗区设立了诊断室、换药室、治疗室、化验室、留观室，诊治了总医院1/3的病人。

医疗队还对当地医务人员进行了医疗、护理、救护等技术的培训，增强了医院收治病人的能力，促进了医院工作的恢复。看到当地医院缺医少药，救援队为当地医院捐赠了急需的急救药品、喷雾器、换药盘、绷带等医用物品。

就这样，救援队队员不分日夜、紧张有序地工作，先后为7000余名伤病员和难民提供了各种医疗救助，开展手术284例，救治危重病人92例。救助活动受到了印尼政府和人民的高度赞扬。亚齐省省长专门接见中国国际救援队，卫生厅厅长到中国医疗区参观，对救援队做出的成绩给予了高度评价。

2.3.3.4　首次派出女队员参与国际救援行动

在中国国际救援队中，有16名队员来自武警总医院临床一线，均取得了国际SOS救援组织资格认证。随队出征的十几位女队员，都是第一次参加国外救援行动，她们以女性特有的亲和力和细腻周到的医疗服务，给灾民极大的心理安慰。

中国国际救援队第一批队员中有4名女队员，均来自于武警总医院；第二批队员中有9名女队员，其中中国地震局1名，武警总医院7名，中央电视台记者1名。在救援行动中，他们不仅为伤员提供医疗救护，整理装备物品，有时候还承担翻译工作，还有时候兼职记者，每天为队员们拍摄照片、整理资

料。灾后许多灾民出现精神失常、恐惧、精神恍惚，需要心理治疗，女队员们以特有的温柔和爱心在治疗疾病的同时积极进行心理疏导。她们曾经成功地救护了一个出生才八天的婴儿，并为婴儿送去奶粉补充营养。新闻媒体以"花开班达亚齐"来盛赞第一批救援队员中的这"四朵金花"。整个中国国际救援队的工作赢得了当地人民的赞颂。

■ 中国国际救援队第一批队员中的"四朵金花"

2.3.4 救援队存在的不足

2.3.4.1 后勤、医疗装备等有所欠缺

中国国际救援队的搜救装备与发达国家救援队不相上下，但在后勤、医疗装备和保障能力等方面有明显差距。在印尼海啸地震救援中，中国国际救援队没有专用运输机，民航飞机货舱空间小、载重量小，对机场和配套设施十分严苛等缺点被突出地显现出来。另外，救援队在途中多次辗转，装卸货占用了大量时间和人力，为了让救援设备与医疗器材、药品等随救援队一起到达现

第 2 章 中国国际救援队国际救援行动

场,救援队只好舍弃了一些食品和水,大大影响了救援能力的发挥。没有污水处理净化设备,迫使救援队携带大量的饮用水,占用了宝贵的装载资源,人员数量也受到限制。许多装备、器材使用纸箱包装,在位于热带雨林气候的灾区显得非常不便,在装卸载时经常散落。

交通问题一直是让救援队头疼的大问题。赶往灾区的过程中,救援队已在吉隆坡滞留了6小时,又在棉兰滞留了10多个小时。到达灾区后,班达亚齐城市功能瘫痪,交通不畅,缺乏车辆,更缺汽油。受灾后的班达亚齐,有50多个灾民安置营,最大的安置了超过1万人。救援队经常是分几路一起出动,既要深入灾区现场,又要深入乡镇和灾民点,而交通工具匮乏。队员们有时步行,有时需要搭车,这无疑降低了救援的效率。在班达亚齐期间,救援队几乎乘坐了所有可能的交通工具。而发达国家救援队普遍派出多架大型运输机运送人员和野战医院、专用车辆等重型装备,表现出很强的独立作战和后勤保障能力。若中国国际救援队配备了大型运输机,救援时效将大幅提高。

在通信方面,救援队所携带的用于前后方指挥部之间联系的海事卫星通信系统,其带宽仅为64千比特/秒,而基地建立在班达亚齐的军用、民用机场附近,系统受干扰严重,给前后方指挥部之间的联系带来一定困难,使后方指挥部无法对灾害现场做出正确判断,从而对救灾产生影响。因此,建议救援队添置一套便携可移动式卫星通信系统。另外,印尼地震海啸救援与前两次国际救援不同,其主要工作是医疗救治,医疗分队分成4个组到各个灾民点、医院进行医疗救助,搜索分队同时进行搜救、清理医院工作,5个组距指挥部距离较远,一般在六七十千米,因联系不便,只有晚上回去才能互通信息。另外,该次行动仅有1位通信人员,队员分组行动时,交流沟通不够顺畅,加之当地治安情况复杂、交通不便、通信系统瘫痪,使得现场指挥捉襟见肘。

在个人装备方面,中国国际救援队与发达国家的救援队相比也存在一些差距。在印尼地震海啸救援中,中国国际救援队共清理出几十具遗体,由于没有水袋等个人装备,工作时为了保障队员的安全,队员不能喝水,在气温高达30多摄氏度的情况下工作,体力大量消耗,影响了救援效率。因此,建议完善个人装备,保障队员在以后的救援行动中可以迅速有效地投入工作。

2.3.4.2 救援力量建设需要加强

当时中国只有1支救援队,而法国却拥有10支救援队。发达国家志愿者参与救援行动十分普遍,如德国救援队绝大多数是志愿者,法国专业救援人员约4万人,而其志愿救援人员达40万余人。无论是队伍的绝对数量还是人员结构的合理程度,中国救援力量均处于劣势。因此,当务之急是发展壮大救援队伍,建立分层次、分布式的救援模式,以适应中国地域广、地震和其他灾害频发的特点。

2.3.4.3 队伍训练需要进一步加强

在队员训练上,中国国际救援队重视技能技术,而发达国家救援队更注重实践和人员综合素质的提高。在训练内容上,中国国际救援队以地震灾害搜救和医疗为主,对其他灾害引起的建筑物倒塌、次生灾害只具备初步救援能力,而发达国家救援队则向全方位、深层次发展。在队伍训练上,中国在加强救援队队员训练的同时,还亟须培训一批高素质的应急救援现场指挥官,提高其组织、协调和指挥能力,为今后更好地开展救援工作打好基础。此外,中国国际救援队在"边组建、边训练、边实践"过程中摸索出的训练方法,单一性和随意性较大,要靠有限的国际合作交流和实战来检验和改进。发达国家的救援队经过长期的实践积累,训练设施和管理模式日趋完善,培训安排也更加系统,已实现了培训和实战的一体化。

参考文献

[1] 林均岐. 2004年12月26日印度尼西亚地震海啸灾害考察[J]. 地震工程与工程振动, 2005(2):32-35.

[2] 崔秋文, 赵勇. 印度洋地震海啸灾害浅析[J]. 防灾博览, 2005(1):8.

2.4 巴基斯坦之旅 我们负责国际协调

——2005年10月8日巴基斯坦7.8级地震救援

摘要

当地时间2005年10月8日8时50分，巴基斯坦发生7.8级地震，造成大量建筑物倒塌、严重人员伤亡和巨大财产损失。中国政府先后向巴基斯坦灾区派出了两批共89人的救援队伍，开展了一个多月的紧急救援。第一批队员49人携带搜索、营救、医疗和后勤保障等8吨专业搜救设备、9吨救灾物资以及6条搜救犬，于9日13时10分从北京首都国际机场出发直飞巴基斯坦伊斯兰堡。中国国际救援队第二批队员于2005年10月28日12时从北京飞往巴基斯坦伊斯兰堡，主要开展医疗救助工作，圆满完成任务后于11月17日返回中国。

2.4.1 灾害基本情况

当地时间2005年10月8日8时50分（北京时间2005年10月8日11时50分），巴基斯坦（北纬34度24分，东经73度36分）发生7.8级强烈地震，震中位于首都伊斯兰堡（Islamabad）东北部约95千米处。该次地震是巴基斯坦建国以来发生的最大强度地震，包括伊斯兰堡在内的整个巴中部、北部地区遭到不同程度的破坏。地震造成7.3万人死亡，近7万人重伤，350万人流离失所。穆扎法拉巴德（Muzaffarabad）及曼色拉（Mansehra）地区发生的严重地震灾害，是该地区百年来破坏性最大的地震。截至2005年10月22日共发生4级以上余震84次，其中7级以上1次、6~6.9级1次、5~5.9级35次、

4~4.9级47次。

地震造成巴基斯坦北部和克什米尔（Kashmir）地区严重破坏，其中巴基斯坦的西北边境省和巴控克什米尔地区尤为严重。根据中国国际救援队的地震灾害专家考察，西北边境省的曼色拉地区巴拉考特镇（Balacote）的地震烈度达到XI度，90%的建筑物倒塌，基础设施破坏严重，山体滑坡随处可见，公路严重毁坏。巴控克什米尔地区的首府穆扎法拉巴德市地震烈度约IX度，大部分建筑物遭到破坏，约40%的建筑物倒塌，基础设施破坏比较严重。灾区随处可见露宿街头的灾民，许多伤员等待医疗救助。

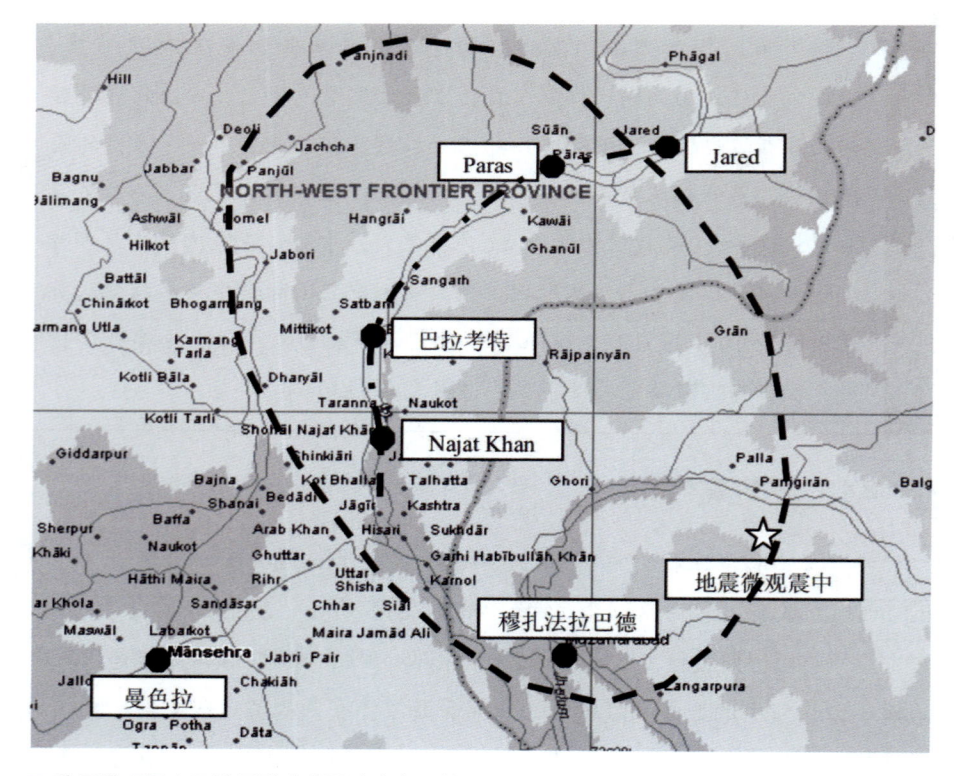

■ 地震微观震中及地震影响范围（李小军等，2007）

地震虽然造成了巨大破坏，重灾区城镇和乡村几乎成为废墟，人员伤亡巨大，但重灾区社会秩序较好，未出现混乱状况，特别是在巴军方的救援队伍进入后，重灾区社会秩序基本良好。然而灾民安置的速度缓慢，到中国国际救援队回国之时，还有许多灾民未能得到基本的生活保障，帐篷等物资奇缺；偏远地区不能得到医疗救助，甚至还未与外界取得联系；存在发生疫情的隐患，遗体处理、水源保护等问题严重；电力等基础设施恢复缓慢，主要交通线路还基本处于堵塞和瘫痪状态。震后地方政府部门的应急管理能力不足，政府对居民分布、灾害情况的信息掌握不够，这些成为影响地震救援和灾民安置的重要因素。

该地震断层为逆冲断层，断层上下盘的地震动强度及滑坡程度存在差异，导致地震中断层两侧震害有明显差别；山体与河岸出现大量滑坡的原因与未对危险坡岸进行必要的处理有关；大量的房屋位于山坡、河岸上，地震引起房屋地基失效（滑坡）是造成地震中房屋出现大量严重破坏及倒塌的主要原因之一；强梁（楼板）弱柱，基础浅、基础与柱体连接脆弱，墙体砌缝砂浆强度低，无构造柱或柱体配筋不合理等因素，导致房屋普遍出现坍塌破坏；桥梁结构设计中采取了一定的抗震措施，使得桥梁并未出现坍塌现象；电信、广播和高压输电钢架塔结构的抗震性能好且基础设计合理是其免受破损的关键；部分房屋由于地基、结构合理，免遭破坏。

2.4.2　中国国际救援队救援行动

2.4.2.1　应急响应

由于对震情和灾情的严重程度估计不足，巴基斯坦政府和相关部门未能及时组织开展有效的救灾行动。震后第3天，巴基斯坦政府召开内阁会议，成立外国援助委员会、当地资源动员委员会、巴控克什米尔特别委员会和西北边境省特别委员会，加强灾后救援行动。震后第4天，巴基斯坦军队进入灾区开展全方位的救灾工作，比中国国际救援队进入巴拉考特重灾区晚了1天。

地震发生后，巴基斯坦政府将地震救援工作的重点放在了伊斯兰堡和穆扎法拉巴德，而对地震重灾区的巴拉考特镇及其东北部的沿库拉拉河（Kunhar）地区的救援行动迟缓。地震发生后48小时内的救援工作仍然是灾区民众的自救和互救。由于当地救援工具简陋和缺乏有序的组织，救援工作进展缓慢。震后第3天，灾区外或轻灾区居民从四面八方赶到重灾区巴拉考特镇及附近地区，救援志愿者虽然人数众多，但仍缺乏有效组织，所起作用有限。震后第4天，巴方救援军队到达重灾区巴拉考特镇开展全面救灾工作，起到了主导作用，其救灾工作包括道路清理与疏通、死亡人员挖掘、伤员转运、物资运输、赈灾物资发放和社会秩序维护。

联合国人道主义事务协调办公室派出救援小组和灾害评估组，在穆扎法拉巴德建立了现场救灾协调中心。在联合国的呼吁下，中国、欧盟、英国、法国、德国、美国、西班牙、土耳其、日本、泰国、中国香港等国家和地区向地震灾区提供了紧急救灾援助。据联合国统计，有20多个国家的约24支救援队和36支医疗队到达地震灾区开展救援行动。

国际救援工作的重点仍放在穆扎法拉巴德，并在当地建立了联合国现场协调中心。参加穆扎法拉巴德和巴拉考特两个地区救援的队伍有联合国灾害评估与协调队、世界卫生组织、世界粮食计划署、联合国儿童基金会、红十字会与红新月会国际联合会、联合国开发计划署以及中国、英国、土耳其、德国、俄罗斯、塞浦路斯、西班牙、荷兰、马来西亚、法国、韩国、日本、阿联酋、约旦、新加坡、阿塞拜疆等20多个国家与组织的国际救援队。

震后，中国政府即向巴基斯坦政府提供了620万美元的紧急人道主义救灾援助，是最早提出向巴方提供支援的国家之一。中国红十字会、国防部和在巴中资机构也先后向巴基斯坦提供了不同数量的资金与救灾物资援助。总统穆沙拉夫等巴政府官员多次对中国方面快速、有效的救灾援助表示感谢。

应巴基斯坦政府请求，10月9日中国政府派遣中国国际救援队赶赴巴基斯坦执行国际人道主义救援及地震灾害调查任务。中国政府先后向巴基斯坦灾区派出了两批89人次的救援队伍，开展了一个多月的紧急救援。第一批队员由中国地震局副局长赵和平带队，由搜索、营救、医护人员以及地震专家等共48人组成，随队携带6条搜救犬、8吨专业搜救设备及9吨救灾物资，于9日13时10分从北京首都国际机场直飞巴基斯坦伊斯兰堡。中国国际救援队第一批队员

第 2 章　中国国际救援队国际救援行动

为中国地震局12人（赵和平、黄建发、张晓东、李小军、李成日、周敏、徐志忠、韩炜、曲国胜、张鹤、司洪波、许建东），中国人民解放军总参谋部1人（宋建新），北京军区1人（牛海平），北京军区某部工兵团22人（马庆军、刘向阳、陈剑、王炳全、朱金德、张如达、贾树志、刘晓慧、夏宏亮、王平、张震、刘刚、熊八三、孙自朝、杨超、刘文超、卢杰、张健强、程金、杨小军、李崇琨、叶国德），武警总医院8人（汪茜、彭碧波、姜川、樊毫军、封耀辉、刘元明、刘亚华、刘庆），随行记者4人（公海泉、周琨、李斌、陆纯）。

■ 中国国际救援队第一批队员执行2005年10月8日巴基斯坦7.8级地震救援任务现场合影

中国国际救援队第二批队员于2005年10月28日12时从北京飞往巴基斯坦伊斯兰堡，主要开展医疗救助工作，队员（包含留守队员）为中国地震局8人（赵和平、黄建发、侯建盛、徐志忠、索香林、李尚庆、延旭东、王建平），北京军区某部工兵团8人（袁本航、夏宏亮、朱斌、卢杰、杜祥雷、王念法、王平、杨超），武警总医院22人（杨造成、景福兰、白晓东、彭碧波、刘勇、蔡晓军、匡正达、张成伟、张庆江、张永青、高进、王军、管晓萍、高歌、冉敏、公静、陈晓阳、刘爱兵、张开、席梅、宇鹏、范铁锤），随行记者3人（公海泉、徐向宇、吴晶）。

中国国际救援队第二批队员执行2005年10月8日巴基斯坦7.8级地震救援任务回国合影

2.4.2.2 应急救援

1. 人员搜救

中国国际救援队到达伊斯兰堡后，乘坐汽车和步行于10月10日9时到达地震重灾区巴拉考特镇，开始执行长达8天的国际人道主义救援及地震灾害调查任务。

救援队在巴拉考特及其附近成功搜救出3名幸存者，救治重伤员591人。从10月11日开始，中国救援队受联合国现场协调中心的委托，组织协调巴拉考特地区各救援队伍的现场救援工作以及与地方政府和巴军方救援队伍的联系。中国国际救援队每晚在营地主持召开巴拉考特地区救援协调会，先后有巴军方、巴地方政府、世界卫生组织、国际红十字会、德国、西班牙、波兰、约旦、阿联酋、阿塞拜疆、法国、瑞士、韩国、日本等国的救援队和医疗队参加。通过现场协调会议机制，救援队为各方提供了一个有效的救援组织协调与信息共享平台，改变了灾区救灾秩序混乱的局面。中国国际救援队在巴拉考特地区的救灾工作中发挥了主导、协调作用。中国国际救援队快速的反应速度、出色的工作能力、良好的组织纪律和吃苦耐劳的精神，给巴方和其他国际救援队留下了深刻印象。

第 2 章　中国国际救援队国际救援行动

■ 现场信息交流与协调

在完成巴基斯坦地震救援工作即将回国之际，中国国际救援队19日向巴主要救灾部门通报了地震救灾情况，包括地震的灾情特点和中国国际救援队与当地军民抗震救灾的情况，指出在救灾过程中出现的一些问题，并结合救援队在抗震救灾中积累的经验，向巴方灾后重建工作提出一系列建议。巴基斯坦政府对救援队的杰出工作予以高度评价，称中国国际救援队的通报对巴政府了解灾区实情、进一步加强各部门协调、计划灾后重建等都有重要的参考价值。巴政府衷心感谢中国对巴抗震救灾提供的巨大援助，表示巴人民绝不会忘记中国国际救援队的功绩，巴方愿与中国加强以后在地震领域的合作。

当地时间10月20日上午，中国国际救援队在胜利完成地震救援工作后乘包机回国。中国国际救援队在巴的救援工作进一步密切了中巴关系，深化了两国人民的传统友谊。巴方盛赞中国是巴基斯坦的好邻居、好兄弟、好朋友，为有中国这样的朋友感到自豪。

中国国际救援队国际救援行动纪实

■ 在地震灾区搜索被埋压人员

■ 冒着生命危险到废墟下寻找幸存者

第 2 章　中国国际救援队国际救援行动

■ 在废墟里发现一名幸存者

■ 在废墟上采用喊话的方法寻找幸存者

■ 在废墟上搜寻幸存者

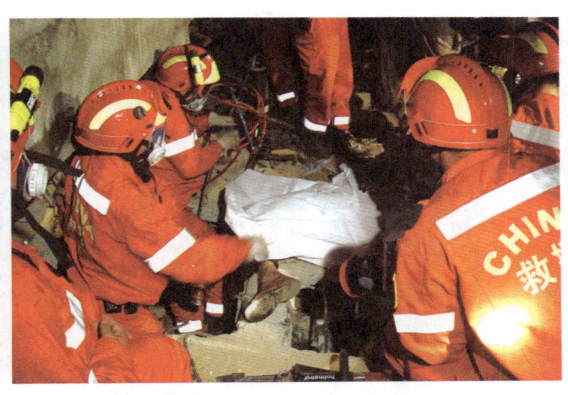

■ 营救幸存者

■ 在废墟上利用蛇眼探测生命迹象

■ 在废墟上利用凿岩机打开营救通道

2. 医疗救治

当地时间10月29日18时，中国国际救援队第二批41名队员到达巴基斯坦地震重灾区巴拉考特执行医疗救护和卫生防疫任务，救援工作重点从以搜救为主转为以医疗救护为主。41名队员中的22名医护人员来自武警总医院。据救援队副队长杨造成介绍，医护人员平均年龄30岁，80%具有高级技术职务，每个人都经过严格的培训且经SOS认证，并有阿尔及利亚地震、印度洋地震海啸等国际救援的实战经验。

在为期18天的救援工作中，中国国际救援队搭建了灾区最高水平的流动医院，共为2000多名患者解除了病痛，并创造了多项救援队的历史第一；在保证流动医院正常接诊的同时，救援队还派出医疗小分队前往交通不便的高山震区巡诊，为山区灾民提供了及时的医疗服务；救援队还开展了水质检测、环

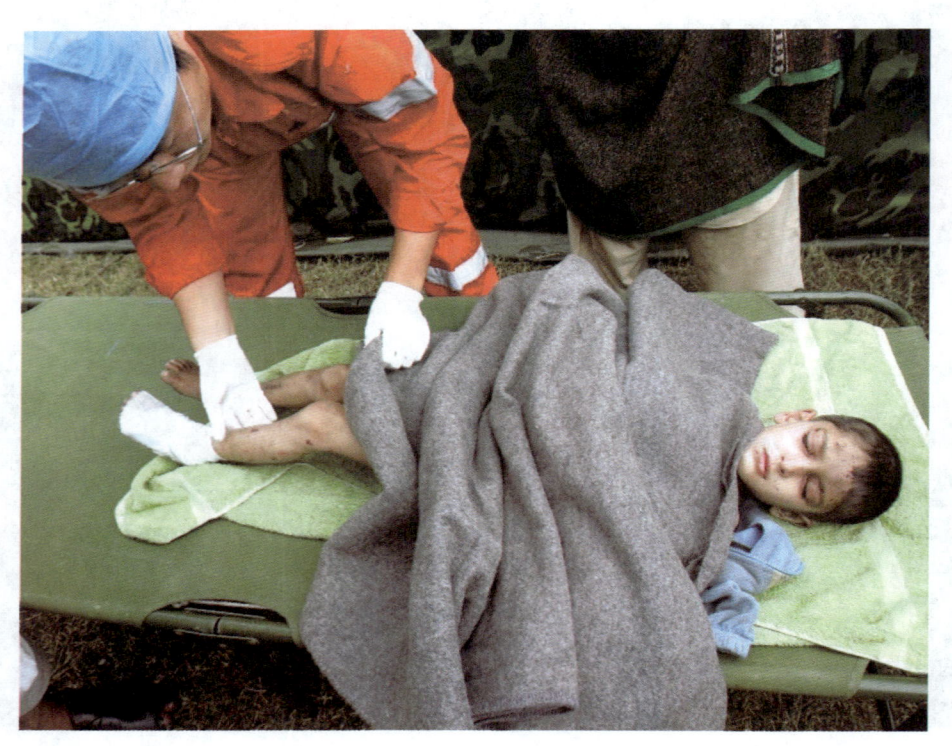

■ 救援队全力救治一名男童

第 2 章　中国国际救援队国际救援行动

境消毒等一系列卫生防疫工作和多层次的国际合作，向世界卫生组织提交了多份灾区卫生报告。

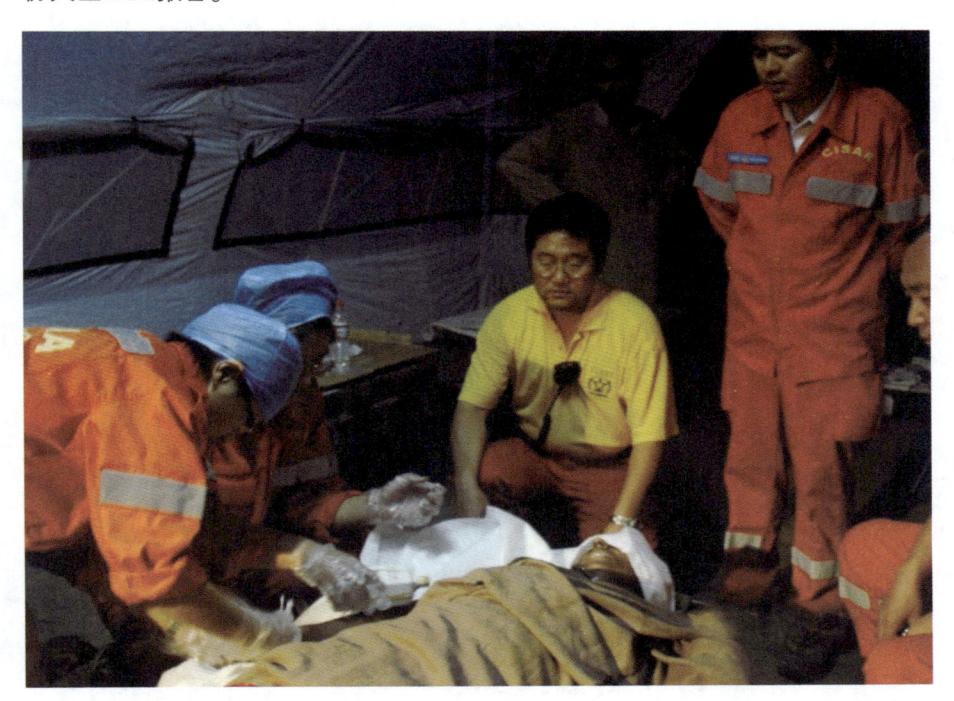

■ 救援队开展医疗救治

3.现场重要事件

"神舟六号"飞船发射成功消息极大鼓舞了在巴基斯坦震区救灾的中国国际救援队队员。虽然远在巴基斯坦，但是中国国际救援队的队员们心向祖国，关注着祖国的一举一动。

救援队通讯专家韩炜在互联网上例行搜索国内消息时，看到了"神舟六号"发射成功的消息，他立即将这一振奋人心的消息报告给救援队队长赵和平。

"应该马上把这一消息让所有队员知道。"赵和平决定在中国国际救援队开展当天的搜救任务前全体集合，向大家通报"神舟六号"飞船发射成功的消息。

赵和平说："'神舟六号'发射成功，是我国综合国力增强的体现，是我国

科技进步的又一个辉煌成就。对'神六'的成功，我们表示热烈的庆祝和祝贺。对我们救援队，这是巨大的鼓舞。"

救援队员们说："正因为有了强大的祖国，我们国家的救援事业才能发展壮大，我们的救援队伍在国际上的地位才会日益提升。我们要以此为新的动力，圆满完成这次国际救援行动。"

■ 2005年10月12日中国国际救援队全体队员祝贺"神舟六号"载人飞船顺利升空

中国驻巴大使带来党和国家领导人的关怀。12日16时，令大家激动的消息再次传来。中国驻巴基斯坦大使张春祥驱车8小时，来到巴拉科特重灾区慰问中国国际救援队。张春祥大使一抵达巴拉科特，就对中国国际救援队队员说："我代表胡锦涛主席和温家宝总理等党和国家领导人来看望大家了，外交部李肇星部长和戴秉国副部长也让我转达他们对大家的问候！"

张春祥大使说："巴基斯坦发生严重地震灾害后，国家决定应巴基斯坦政府的请求向巴地震灾区派出国际救援队，你们在第一时间来到巴基斯坦受灾最严重的巴拉科特，吃了不少苦，克服了不少困难，为中巴友谊做出了新的

第 2 章 中国国际救援队国际救援行动

贡献！"

赵和平队长和全体队员表示，一定不辜负党和国家领导人的关怀，不辜负全国人民的期望，精神抖擞、再接再厉，为祖国和人民争光！

■ 2005年10月12日中国驻巴基斯坦大使张春祥慰问中国国际救援队

穆沙拉夫总统夫妇访问中国国际救援队营地。 11月4日是巴基斯坦最重要节日开斋节的第一天。在这一天，中国国际救援队流动医院迎来了巴基斯坦总统穆沙拉夫和夫人一行。当地时间14时30分，穆沙拉夫总统和夫人一行来到中国国际救援队流动医院看望救援队，并与队领导赵和平、黄建发、杨造成以及正在工作的医护人员一一握手。赵和平队长代表救援队全体队员对穆沙拉夫总统及夫人一行的到来表示欢迎。穆沙拉夫总统对中国国际救援队的工作给予了高度评价。他说："我谨以我个人的名义并代表巴基斯坦人民，特别是这里的灾区人民，感谢远道而来的中国人民给予我们的及时帮助，你们带来了先进的医疗设备和高水平的医生，巴基斯坦人民会永远会记住中国人民的友谊，你们的工作将会进一步深化中巴两国人民的友谊。"

■ 穆沙拉夫总统夫妇访问中国国际救援队营地

4. 后勤保障

成绩的取得离不开救援队领导的精心筹划、科学指导，离不开广大医护人员的辛勤工作，同样也离不开工兵团8名保障队员的精心保障。全体保障队员以"抓思想建设、抓营区建设、抓伙食调节、抓卫生清理、抓主动服务"为重点，以创造良好的生活和工作环境为目标，精诚团结、忘我工作，取得了突出成绩。

抓思想建设。保障队员始终牢记各级首长的指示，到达巴拉考特后，就如何高标准地完成任务进行了再动员、再教育，做到"三争光"：在国际上要为祖国争光，在救援同行中要为中国国际救援队争光，在救援队中要为军队争光。成立了临时党小组，充分发挥党小组的战斗堡垒作用，做到定期组织党员进行思想汇报，及时了解队员的思想动态，开展批评与自我批评，每晚组织队员阅读战地快报，工作中高标准、严要求，以其他队员的满意为工作标准，用实际行动践行了党员先进性。

抓营区建设。到达灾区后，保障队员不顾长途跋涉的疲劳，结合救援队自身的特点，立即分组构建基地，迅速建立了洗消区、工作区、生活区和保障区，并积极出主意、想办法，立足现有条件，不间断对基地进行规范和完善，持续强化基地功能，先后搭建了临时厕所、晾衣场、洗漱台、洗澡间。为解决队员洗漱用水难的问题，每天由专人到500米以外的水站去抬水。为保持基地正规有序、环境整洁，每天对基地和流动医院的帐篷进行不定时检查和卫生清理。整洁的基地和流动医院环境成为展示中国国际救援队的一个窗口，得到了巴军方和其他国际救援机构的高度评价。

抓伙食调节。在伙食的调节上，全体保障队员更是集思广益找对策，挖空心思想办法，精心筹划，始终做到合理消耗、科学调节。为使队员们能吃上可口的饭菜，保障队员克服语言不通、交通不便等困难，冒着余震和山体滑坡的危险，在崎岖的山路上乘车到40千米外的地方采购蔬菜等食品。为了能按时开饭，他们每天早上五点钟起床做饭，有时还要为回来晚的队员做饭。

抓卫生清理。保障队员每天背着重达20公斤的药箱早晚对基地和整个流动医院进行一次彻底的清理消毒，负责医院的卫生清理工作，处理医疗垃圾，搭建X光暗室，协助医生开展救治工作，随时提供各种保障。

2.4.3 救援行动亮点和难点

2.4.3.1 救援行动亮点

中国国际救援队是第一批到达巴基斯坦的救援队，在到达灾区之后，迅速开展了救援工作，除了派出多个搜救小组外，还在救援队营地设立临时医院救治病人，成为当地一支非常重要的救援力量。全体队员克服强余震、天气恶劣、物资供应不足等困难，发挥专业技术优势，凭着顽强的作风圆满完成了救援任务，得到了巴基斯坦政府、当地民众和国外同行的高度赞扬和认可。

1. 思想统一是完成任务的前提

地震发生后，中国国际救援队各组成单位立即启动应急预案，开展各项先期准备工作。接到出队命令后,救援队高度重视,立即按照队伍救援行动预案快速出动。全体队员发扬"特别能吃苦、特别能战斗"的优良传统,牢记祖国和人民的重托,积极投身到灾区的医疗救助。在现场救援工作中,全队保持旺盛的战斗力,分工配合、团结协作,树立了中国负责任大国的良好形象。

2. 素质过硬是完成任务的抓手

中国国际救援队自2001年组建以来,积极参与国际人道主义事务,先后赴阿尔及利亚、伊朗、印尼、巴基斯坦实施救援行动,得到了国际社会的广泛赞誉,加深了中国与受灾国人民的友谊,扩大了国际影响。参与巴基斯坦救援行动的队员均为思想坚定、作风顽强、技术精湛、经验丰富的救援、医疗骨干和专家,救援能力过硬,在巴拉考特及其附近成功搜救出3名幸存者,救治重伤员591人。救援队快速的反应速度、出色的工作能力、良好的组织纪律和吃苦耐劳的精神,给巴方和其他国际救援队留下了深刻印象。

3. 国际协调是完成任务的保障

该次地震是巴基斯坦近50年来遭受的最严重地震灾害。国际社会派出了几十支救援队伍参加灾后救援。外国救灾队、巴民间救助团体、巴军方近百支队伍组成了一支强大的救援力量,但如何协调救灾成了一个重大难题。但现代救援机制为这一问题的妥善解决提供了可能。灾后第二天在伊斯兰堡机场已经设置了联合国救灾队伍接待站。所有前往巴基斯坦的国际救援队都会前往接待站办公室登记,留下联系方式、救援队规模、设备等基本信息。该项工作非常有必要。由于各救援队都是根据情况自行前往灾区救灾,如果没有该信息中心,国际救援力量的协调将成为一个很大的困难。

而在灾区现场,国际协同救援机制发挥着重要作用。根据国际救援惯例,最先到达救援地、规模较大的救援队应该根据情况召开各种救灾力量的协调会议。10月11日,中国国际救援队按照惯例召开了联合国协调救灾会议,会议的效果非常明显。由于地方政府系统在灾害中已经完全瘫痪,正是借助于该协调会议,巴拉考特地区十几支救援队伍才得以互通有无。各救援队对巴拉考特进行了简单的分区，各自负责一块救援，有效地避免了重复劳动。

更为重要的是该会议在吸引了地方志愿者和地方政府官员之后，成为灾区最大的信息贡献平台，所发挥的作用已经不仅仅限于国际救援力量的协调，而是灾区整体救援力量的协调。在协调会议上，各国救援队代表都对巴基斯坦政府的有效救援提出了许多中肯意见。正是国际救援队的各种建议，促使巴拉考特救援变得越来越正规。同时这也为国际社会参与更大的灾难救助时协同作战提供了经验。

4. 理顺现场管理机制，提升救援效率

在重灾区，当地政府部门在地震中受到重创而处于瘫痪状态，至中国国际救援队撤离时，当地政府仍未能在救灾中发挥有效作用。来自巴基斯坦各地的大量志愿者自发参与了灾区救援，但由于初期缺乏有效的组织与协调，实际救援效率很低。采纳中国国际救援队的建议，在巴军方的组织下建立志愿者管理机构之后，志愿者在救灾行动中的积极作用才得到发挥。

2.4.3.2 救援行动难点

1. 灾情严重，物资供应紧张

由于灾区物资供应紧张，救援队每天只能供应一顿晚饭，包括蔬菜在内的所有东西都要开车到30千米以外的曼舍勒购买。开饭时间一到，救援队近50口人便拿着饭盆排队打饭，场面蔚为壮观。而其他两顿，救援队则主要以"海军单兵自热食品"为主，但长期食用容易造成排便不畅。中国驻巴基斯坦大使馆和中国公司不时前来慰问，为营地带来一些新鲜蔬菜和补给。

2. 自然条件恶劣

复杂的地理环境和主干道路堵塞加大了救灾难度。极震区位于巴基斯坦东北部深山峡谷中，大量山体滑坡堵塞了交通主干线，救援队伍难以到达，许多伤员因得不到及时救护而死亡。

极震区巴拉考特镇位于地表破裂带上，由于震前未开展边坡加固处理，震后位于山坡、河岸上的房屋地基失效，大量建筑物滑塌散落在山坡和岸边，增加了被压埋人员的搜救难度。

3. 受灾国灾情信息不畅

灾情信息不畅和基础资料不全是救援行动面临的又一难题。由于灾区交通受阻，通信设施瘫痪，因此无法获取详细准确的灾情，对灾民死伤人数、各地受灾程度也无从知晓。巴政府也不掌握灾区的基本信息，如灾区地图、人口分布等，甚至要靠救援队提供，这在很大程度上造成了救灾工作的盲目。救援行动缺乏重点，重灾区得不到及时救助，灾民对政府的救援工作表示不满。

4. 救援协调机制缺失

受灾国缺少国际救援协调机制，没有充分利用国际救援资源；对志愿者缺乏有效组织，没有建立有效的灾害救援指挥体系，严重制约了国际救援队伍的工作效率。

参考文献

[1] 李小军，曲国胜，张晓东. 2005年巴基斯坦北部7.8级地震灾害调查与分析 [J]. 震灾防御技术，2007，2（4）:354-362.

[2] 中国地震局震灾应急救援司. 关于加强巨灾问题研究的报告 [R].

[3] 中国地震局震灾应急救援司. 关于巴基斯坦7.8级地震震灾及救援情况的报告 [R].

2.5 承载国际友谊的流动医院

——2006年5月27日印度尼西亚日惹6.4级地震救援

摘要

当地时间2006年5月27日5时54分,在印度尼西亚日惹地区发生了6.4级强烈地震。印度尼西亚政府的呼吁和请求得到了国际社会高度重视和关注,联合国、国际组织和各个国家纷纷启动应急响应。中国国际救援队由42名队员组成。救援队携带装备和物资近13吨,其中5吨为医疗救援物资,2006年5月29日起程,5月30日凌晨到达印度尼西亚梭罗机场,凌晨5时左右到达重灾区班图尔市区,并立即投入人员搜救和医疗救治工作中。在19天的救援中,中国国际救援队医疗分队开辟了移动医院、"中国病区",深入灾民点开展巡诊、流行病学调查、灾后心理调查和咨询等多项工作,共救治3015人,实施大手术36例、小型手术约300例。救援队承担了班图尔灾区约四分之一伤病员的救治任务,在18支救援队中救治伤病员数量最多。该次救援也是救援队历史中救治危重病员最多的一次救援。中国国际救援队严明的组织纪律、精湛的医术、优质的服务、出色的营区管理以及在班都尔救灾工作中发挥的积极作用,给印尼政府、人民和所有国际组织留下了深刻的印象。

2.5.1 灾害基本情况和国际响应

2.5.1.1 基本灾情

当地时间2006年5月27日5时54分（北京时间2006年5月27日6时54分），印度尼西亚日惹地区发生6.4级强烈地震，震中位于爪哇岛近海的陆地区域（南纬7度39分，东经109度51分），震源深度为10千米，震中分别距爪哇岛的日惹市（Yogyakarta）约40千米，三宝垄市（Semarang）约115千米，北加浪岸市（Pekalongan）约140千米，雅加达市（Jakarta）约445千米。地震震级虽不高，却造成了较严重损失，共死亡5857人，重伤26967人，轻伤6630人。据当地政府初步统计，约24万栋建筑物遭到不同程度的破坏，其中毁坏62015栋，严重破坏86217栋，轻微破坏107136栋，约有65万人失去住所。灾情调查表明，日惹地震造成2个严重的灾区，不仅震中所在的班图尔（Bantul）地区遭受了严重的经济损失，同时距离震中较远的克拉特恩（Klaten）地区也遭受了严重损失。

灾情严重区分布在班图尔县以南至东部山区之间的区域，呈北北东

■ 震后破损严重的建筑

第 2 章　中国国际救援队国际救援行动

走向沿山前平原区展布，北起塞万（Sewon）以北 2 千米左右，南至傍东（Pundong）以南，至赛来普（Celep）附近震害明显减弱。损失严重的区域主要包括杰提斯（Jetis）、依莫吉利（Imogiri）、塞万、傍东及其以东区域、普乐来特（Pleret）、班共帕盘（Bangonpapan）等地区，以及班图尔县以北的杰拉坎（Jarakan）等局部地点。按照中国地震烈度表评定（与欧洲的 MMI 烈度表类似），这些区域地震宏观烈度达到 VIII~IX 度，建筑物以严重破坏—毁坏为主，可达约 80%。其中杰提斯、依莫吉利为灾情最严重区，烈度可达 IX 度，建筑物以严重破坏—毁坏为主，可达 80%~90%。这些地区有大量的无家可归者，建筑物基本处于危房状态，不能居住，在村镇的空旷地带有大量的帐篷，街道上许多难民在等待救济。

■ 地震灾区塌陷的道路

　　灾情较重区域位于上述灾情严重区域的外围，包括班图尔市区、塞万翰（Sawanhan）、赛来普等地区，其中部分建筑物为严重破坏—毁坏，大部分以中等破坏为主，中等—严重破坏占 30%~50%，道路、桥梁等基础设施基本完好。

必拜尔（Bibal）以东和以南的山区、赛来普以南至海滨的区域、班图尔－庞冈（Bantul-Panggang）以西区域为灾情较轻区域。必拜尔以东和以南的山区部分地区有岩崩、道路边坡失稳现象，与桥梁基础接触的部分边坡也出现失稳现象，但道路和桥梁可通行，其他生命线工程如供电、通信工程没有破坏，山区建筑物损坏较轻，仅个别单层建筑物屋顶破坏、墙体倒塌等。

日惹市区部分多层砖房建筑物出现裂缝，为轻微—中等破坏；市区以北为灾情较轻区域，建筑物基本完好。

班图尔县在地震中遭受的破坏最为严重，共4046人死亡，8674人重伤，3250人轻伤，15000多栋房屋毁坏，约30万人无家可归。根据中国国际救援队地震灾害专家考察，班图尔县克拉特恩（Klaten）、依莫吉利、杰提斯、百瑞恩（Birin）、坎代可（Candech）、普乐来特、巴兰（Bawran）、卡朗加杨（Karanggayan）、部恩（Bun）、杰杰兰（Jejeran）、卡朗塞纳特（Karangsenut）、傍东等村镇破坏严重，宏观地震烈度最大达到Ⅸ度，80%～90%的建筑物倒塌，其余也皆为危房，基础设施破坏较重，大量村民无家可归。班图尔县城和日惹市区破坏较轻，主要破坏为砖结构建筑物裂缝和轻体结构坍塌，生命线工程基本完好。

克拉特恩以南至南部山区之间的冲积平原地区震害严重，重灾区和较重灾区呈近东西向和北西向沿山前盆地分布为主，建筑物80%～90%处于严重破坏和毁坏状态。南部山区、北部向默拉皮火山方向，建筑物破坏明显降低，为灾情较重和灾情较轻地区。

地震还造成日惹通信和电力短暂中断，日惹机场跑道和候机厅遭到破坏，日惹机场在关闭3天后于29日晚恢复开放。

地震发生后，印尼政府采取一系列措施进行救灾，班图尔县震后即宣布进入为期10天的应急期。由于初期灾情不明，因此印尼政府29日才呼吁国际援助，军方调集飞机、车辆、人员向灾区运送救灾物资和国际援助物资，同时承担起灾区的治安任务。印尼总统苏西洛亲临地震现场指挥救灾。

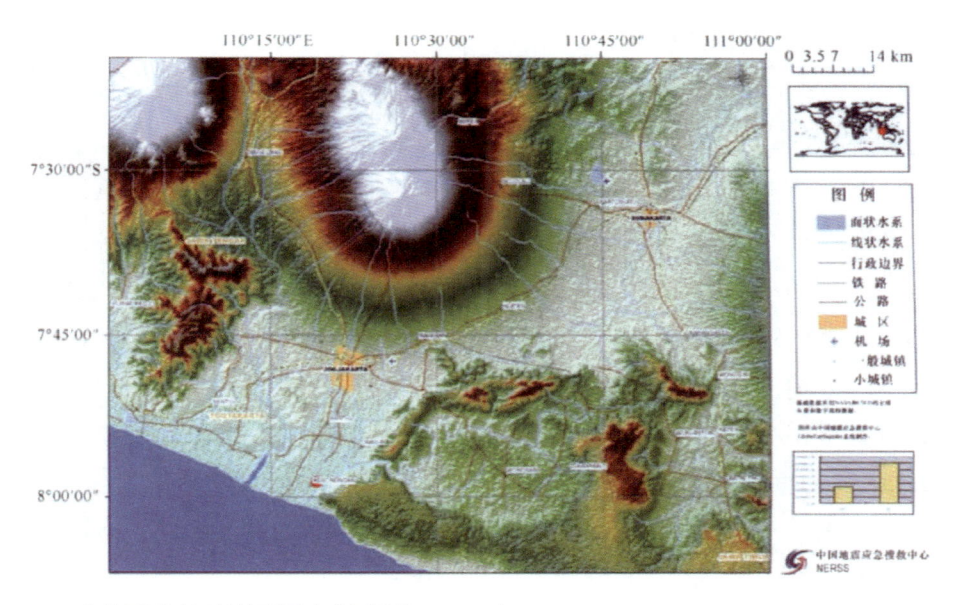

第 2 章　中国国际救援队国际救援行动

■ 日惹地震影响区域地形图（曲国胜等，2007）

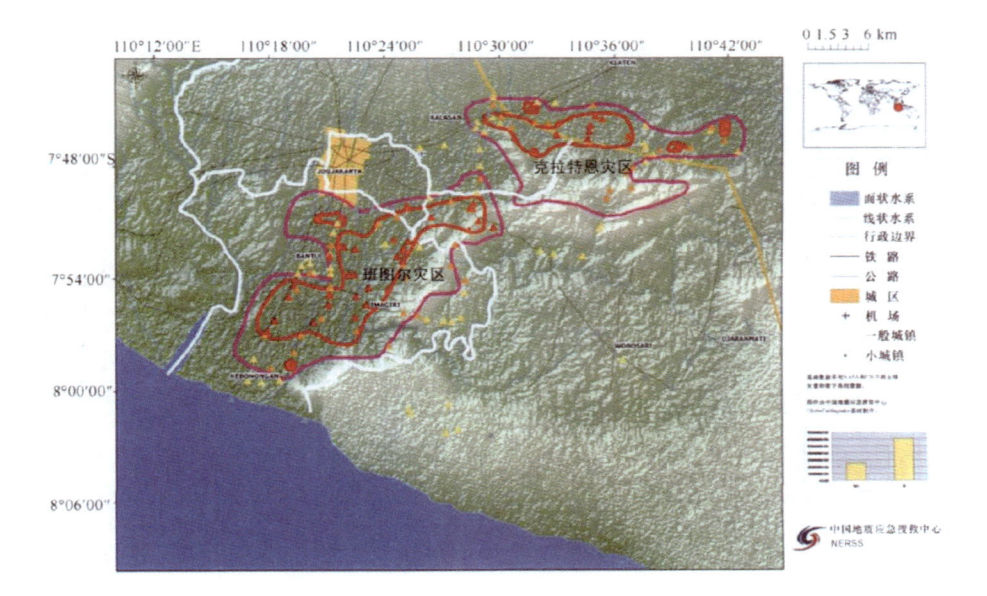

■ 日惹地震灾害分布图（曲国胜等，2007）

2.5.1.2 国际响应

地震发生后，国际社会快速响应并提供各种援助。在24小时内，新加坡、马来西亚等东盟国家就派出了救援队，20多个国家表示救援队处于待命状态，十几个国际组织向灾区派出了评估协调人员。联合国人道主义事务办公室中国联络官黄建发说："联合国已经初步决定派出由5名成员组成的灾害评估队，包括中国的一位评估专家。"

地震发生后，中国政府立即做出反应，国家主席胡锦涛致电印尼总统苏西洛，向印尼政府和人民表示深切同情和诚挚慰问。党中央、国务院对该次地震灾害十分关注，决定派出中国国际救援队赴印度尼西亚实施救援行动。在援助200万美元现汇和1000万元人民币物资的同时，中国政府29日又派出由地震、医疗救护、搜救等专业43人组成的中国国际救援队赴印尼灾区实施国际人道主义救援。

29日下午中国驻印度尼西亚大使兰立俊代表中国政府向印尼政府转交了200万美元用于赈灾的紧急现汇援助。中国是印尼日惹地震后第一个向印尼提供援助的国家。中国红十字会也捐款5万美元。29日，救援物资开始被陆续运达日惹。

29日下午，联合国儿童署派出的救援飞机满载着饮用水、帐篷、手套和工具到达梭罗机场，梭罗机场距离班图尔只有3小时车程。当天晚些时候，救援物资被分发到班图尔灾民手中，但是救援物资还远远不够。

红十字会与红新月会国际联合会呼吁国际社会向印尼灾区紧急提供约1000万美元的援助。欧盟委员会28日宣布，将向印尼提供300万欧元的紧急援助款。美国政府宣布向印尼提供250万美元的紧急援助款，以帮助印尼开展震后救灾工作。加拿大宣布拨款200万加元（约合180万美元）用于救助印尼灾民。澳大利亚宣布将向印尼提供300万澳元（约合227万美元），用于购买地震灾区急需的食品和建立避难所、医疗所等。新西兰表示将提供50万新元（约合36万美元）援助，并将视情况提供更多援助。日本政府28日晚宣布向印尼地震灾区提供1000万美元紧急援助。韩国政府28日向印尼派出一支由医生和

第 2 章　中国国际救援队国际救援行动

救援人员组成的医疗救护队,并向地震灾区紧急运送价值10万美元的药品。

截至6月5日,有中国、法国、韩国、土耳其、日本、澳大利亚、菲律宾等11个国家和地区的30多支救援队伍在灾区开展工作,中国台湾也派出20多人的搜救队到灾区开展搜救工作。但由于在地震发生初期,对灾情的判断不清,各国派出的主要是灾害评估队和搜救队伍,在灾区基本上没有发挥作用。6月5日,新加坡、马来西亚等救援队相继撤离,中国台湾救援队之前已经撤离,其他国家和地区的搜救队伍也陆续撤离。

由于灾情严重,印度尼西亚政府宣布国家进入紧急状态,为期3个月,并拨款约800万美元用于向灾民提供粮食、卫生保健和避难所。印尼政府还打算在未来一年内完成灾区恢复和重建。除此以外,当地华人社团也取消了原定于5月31日前后的端午节庆祝活动,并把为庆祝活动募集到的5000万印尼盾全部捐献给灾区居民。

2.5.2　中国国际救援队救援行动

2.5.2.1　应急响应

中国地震局在震后第一时间研究部署紧急救援等应对措施,命令中国国际救援队待命,做好出队准备。

震后印度尼西亚政府宣布进入紧急状态,呼吁国际社会提供包括派出搜救队伍在内的各种援助,但在出队前一定要通过官方外交渠道与印尼方进行确认。

中国国际救援队由中国地震局副局长赵和平带队,由42名队员组成,其中中国地震局9人(赵和平、黄建发、王剑、徐铁鞠、米宏亮、冯海峰、赵凤新、曲国胜、索香林),中国人民解放军总参谋部1人(赵海飞),北京军区1人(郭治武),北京军区某部工兵团8人(叶国德、胡杰、朱斌、卢杰、杜祥雷、王念法、程金、李崇琨),武警总医院20人(侯世科、彭碧波、蔡晓军、匡正达、王明新、汪茜、刘庆、刘爱兵、管晓萍、郑艳芳、公静、席梅、张成伟、陈晓阳、张庆江、王军、宇鹏、张永青、刘万芳、冉敏),随行记者3人(公海泉、徐向宇、邱红杰)。

中国国际救援队国际救援行动纪实

■ 中国国际救援队执行2006年5月27日印度尼西亚6.4级地震救援任务现场合影

救援队携带近13吨装备和物资，其中5吨为医疗救援物资，搭乘中国民航专机赶赴重灾区班图尔，协助开展紧急救援、医疗救援和灾害评估等工作。中国国际救援队于2006年5月29日起程，2006年5月30日凌晨抵达印度尼西亚梭罗机场，并于凌晨5时左右到达班图尔市区。2006年5月30日至6月8日，中国国际救援队灾评小组对印度尼西亚日惹地震灾区进行了详细的灾情调查，并结合其他相关地震灾情报道信息，对地震震害空间分布规律、相对较小地震引起较大震害的原因进行了综合分析，并提出了震后恢复重建和规划的建议。

2.5.2.2 应急救援

1.人员搜救和灾区评估

6月1日，应当地政府请求，中国国际救援队的搜救分队在地震专家的指导下，在可能存在人员被埋压的班图尔依莫吉利镇的三个地点进行了精确搜

第 2 章 中国国际救援队国际救援行动

索。搜救过程中采用了当时世界上最先进的光纤影像生命探测仪、雷达生命探测仪和部分破拆装备，对4处大约500平方米废墟进行仔细排查搜索。其中雷达生命探测仪是首次投入实战，在空旷地域能探测到25米内的生命迹象，可以穿透4米厚的土墙，在36秒内做出判断，自动报警。经过一上午的严密搜索，没有发现幸存者，根据队员的实战经验，结构较差的房屋倒塌后人员如果不能及时获救，幸存的可能性极小。搜索行动为下一步清理和重建工作提供了可靠依据。

■ 在废墟中开展搜救行动

2. 医疗救治

中国国际救援队根据灾区的需求派出了以医疗为主的救援队，建立了流动医院，在灾区开展以医疗救治为主的工作。救援队医疗组到达重灾区班图尔后，经过快速的选址评估，在班图尔一所损失较轻的中学内迅速建立了自己的

中国国际救援队国际救援行动纪实

■ 在废墟中用雷达生命探测仪搜索生命迹象

流动医院，随即开展紧急救援行动。救援队在灾区的医疗救援行动主要包括以下几个方面：

建立流动医院。救援队于5月30日建立的野战医院是灾区建立的第一个流动医院，也是外国人在灾区建立的唯一移动医院，更是当地功能最全、唯一有能力开展大型手术的流动医院，承担了班图尔灾区1/5~1/4伤员的医治工作。救援队的队员们不分昼夜，每天在流动医院超负荷开展伤员救治，顺利实施数例大型外科手术，并成功抢救一位重度休克的危重病人；同时对发现的传染性疾病进行及时防范，开展流行病学调查，加强防疫消毒，采取一系列措施防止疾病大范围扩散，成功防止了传染病的发生。此外，流动医院和当地的医院达成了病人互转协议，重症患者在接受紧急治疗和手术后转往当地医院住院治疗。随着医疗救助工作的深入，中国的流动医院在灾区的影响日益增大。流动医院共救治3015人，成为灾区救灾的主要力量之一，中国医生精湛的技术和优质的服务获得当地政府、灾民和媒体的一致好评，在救灾工作中发挥了重要作用。

第 2 章　中国国际救援队国际救援行动

■ 中国国际救援队流动医院

开设班图尔县医院"中国病区"。5月30日下午,中国国际救援队在班图尔县医院成功开设了"中国病区",这是国外救援队在当地医院开设的第一个独立诊疗区。在灾区开展救援期间,救援队通过该窗口将许多急需救治的伤员转送到流动医院,减轻了当地医院的医疗救助压力。

流动医疗队上门巡诊。 5月30日完成野战流动医院搭建并开始收治伤员后,中国国际救援队立即派出由8名医疗人员组成的"流动医疗队",深入到五六公里以外的灾区巡诊送药,第一时间到灾民家中提供治疗服务。在近40摄氏度

■ 医疗人员在移动医院实施手术

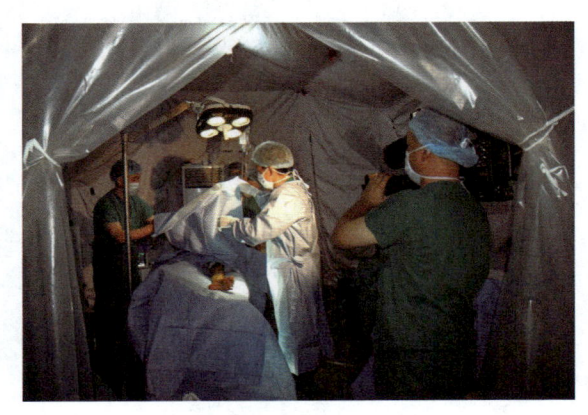

[109]

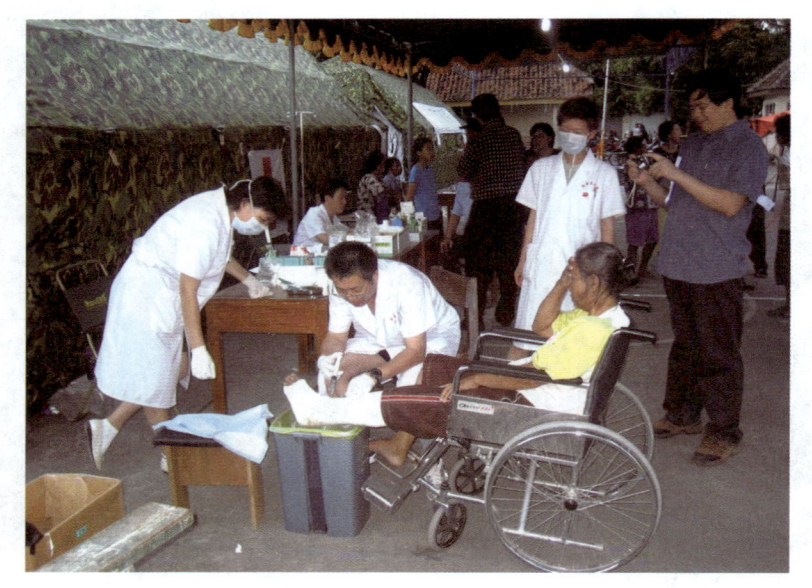

■ 医疗队员在移动医院救治伤员

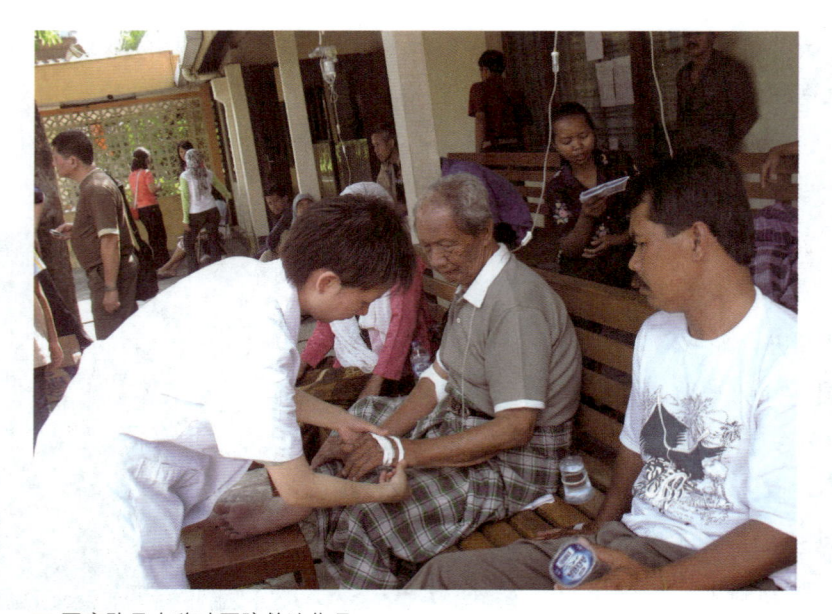

■ 医疗队员在移动医院救治伤员

的高温下，医疗队员背着药箱走村串户，询问病情，清理伤口，给药打针，对每一位伤员都进行耐心细致的诊疗处理。医疗救援队队员们在天天连轴转的情况下，仍然坚持派出医疗小组顶着烈日，背负十几公斤重的药箱到偏远地区巡诊，为灾区消毒，开展水质检测，发放药品，给当地妇女讲解生理卫生知识等。外出巡诊的医疗组前往受灾最重的卡朗村（Karang），为当地活动不便的64位伤病员进行了内科及外科治疗，对部分心理受到创伤的病人进行了心理疏导，同时对难民营的灾民进行了卫生常识宣教。此外，中国国际救援队还应佛教慈善组织瓦鲁比（WALUBI）请求，派出医疗队员和佛教慈善组织瓦鲁比的医护人员前往村镇协同诊治伤病员。

开展心理疏导。为深入了解灾害的社会影响和拓展救援队的功能，救援队组织医疗人员对灾区的几所学校进行了灾害心理创伤问卷调查、卫生宣教及心理疏导，发放调查问卷数千份，回收后进行灾后社会心理和精神健康分析，为拓展救援队功能做了有益尝试，为灾害社会学研究积累宝贵资料。此外，流行病学调查人员组织了卫生知识宣教。同时，为了消除震后灾民的心理恐惧，队员们还不辞辛劳编写了《灾害心理创伤问卷调查》发放到灾民手里，对他们进行心理疏导，让他们尽快走出失去家园和亲人的阴影。

3. 卫生防疫

灾区大量灾民住在户外，当地天气炎热潮湿，灾民卫生状况令人担忧，因此，救援队在灾区开展了防疫工作，包括环境卫生消毒和水源水质检测。

4. 救援保障

地震救援需要多种保障，包括通信保障、救援和医疗装备保障和后勤保障。接到地震救援命令后，中国地震应急搜救中心迅速启动了后勤保障、救援装备应急预案，在指定时间内有条不紊地迅速联系指定供货商，按出队方案进行配置，共准备了近9吨的生活物资和救援保障设备。由于救援任务主要是以医疗为主，因此只携带少量轻型的搜索设备和营救设备，并及时将所有救援和后勤保障物资运往首都国际机场，保证了救援队伍的准时出发。

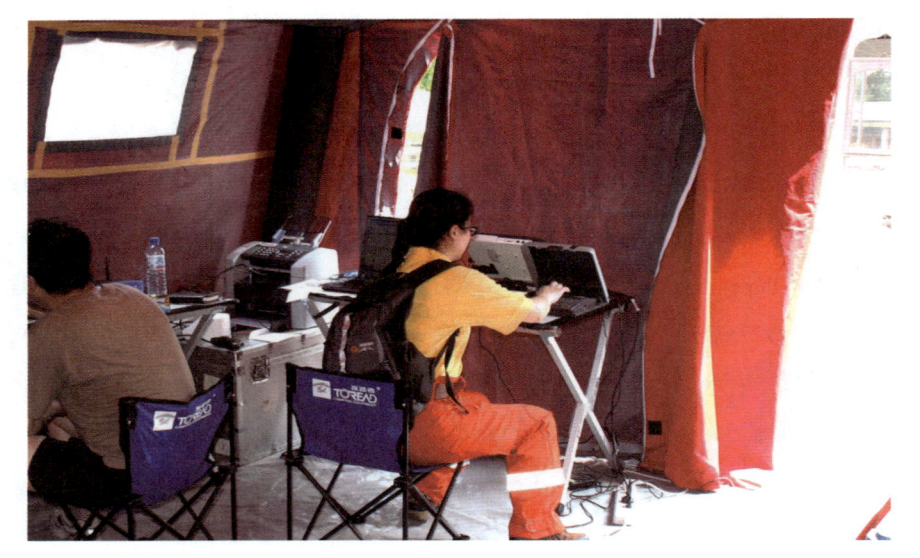

■ 救援队通信保障

在地震救援现场，根据现场救援的具体需求，保障人员及时提供设备保障，使救援设备能满足复杂环境下废墟压埋人员的搜索与营救，实现了有效救援。

救援设备的保障人员不仅要保障救援装备的完好，还要保障救援基地的其他设备。由于天气炎热，营地供电系统、医疗消毒设备和冷却设备经常出现故障，现场保障人员需及时排除障碍，保证医疗设备的正常运行。

现场通信保障是救援队前后方沟通，将灾情信息和图像快速传回国内，国内指示、命令和信息及时传给前方的桥梁。在救援队到达灾区途中和到达灾区之后，每天都有大量的信息、图像和照片传回国内，使后方快速了解灾区的灾情趋势。

5. 其他

对外工作。中国国际救援队抵达灾区后受到印尼政府高度关注，5月31日，印尼总统苏西洛在灾区视察过程中专门会见了中国驻印尼大使兰立俊和救援队领队赵和平，对中国政府提供的各种援助给予高度评价和感谢。赵和平还拜访了班图尔县县长萨玛威，沟通了灾情，通报了救援队能力和在灾区开展工作的计划。在救援工作开展过程中，及时与班图尔县、日惹特别自治区政府和有关部门沟通，每天通报流动医院接诊情况，尤其是传染病的防控情况。班图尔县县长萨玛威、日惹卫生厅厅长博万达、印尼卫生部官员先后参观访问了救援队营地和流动医院。

地震发生后，联合国等国际组织也在灾区开展了各项工作。中国国际救援队先后向联合国人道主义事务办公室现场协调中心、世界卫生组织和其他国际机构、当地的救灾指挥机构通报了救援工作进展情况。

在救援队开展工作的过程中，与新加坡、马来西亚等国救援队和班图尔县医院、日惹医院及佛教慈善组织瓦鲁比建立了良好的合作关系，同他们建立了病人转送和护理的联动机制。在县医院开设了"中国病区"，将救援队流动医院术后病人送至瓦鲁比或日惹医院进行术后护理与恢复治疗，派出医护人员支援瓦鲁比的医疗工作。

灾区关注热点：地震、火山及其趋势。地震灾区距离默拉皮火山很近，最近处约20千米，当地政府和公众极为关注地震与火山的关系。针对这一问题，灾评专家多次前往火山附近考察，并对震害现象进行综合分析，提出了日惹地震可能是默拉皮火山深部活动的结果，建议对火山地震进行更精细的监测，对地震灾区开展活断层探测、地震灾害小区划等，合理规划农村建筑场地，改变建筑物建造不合理、建筑材料差等状况。

各方对救援工作的反应。中国国际救援队严明的组织纪律、精湛的医术、优质的服务、出色的营区管理以及在班都尔救灾工作中发挥的积极作用，给印尼政府、人民和所有国际组织留下了深刻的印象。

当地媒体和国际媒体对中国国际救援队给予了比较充分的报道。救援队先后接受了美联社、路透社、印尼国家电视台、千岛日报、世界日报、国际日报、日惹早报和日惹电视台等媒体的采访，千岛日报和国际日报还对救援队进行了跟踪报道。

除随队的新华社、中央电视台记者外，中国国际广播电台、上海晨报、凤凰卫视、搜狐网、广州日报、大洋网等中国媒体也先后采访报道了救援队工作。

中国国际救援队的到来在印尼华人中引起很大反响，从抵达梭罗机场开始，各华人团体对救援队的帮助就从未间断。印尼华人联谊会、日惹福清公会、梭罗和合公会、广肇总会、印尼华族联合赈灾中心等华人团体给予救援队极大的支持，为救援队提供了急需的医药物资和生活用品，还提供翻译和各种志愿服务。远在泗水、雅加达、三宝垄、婆罗洲等地的华人也专程赶来慰问救援队，他们被中国政府的无私帮助、宽大包容感动，为自己是华人感到骄傲和自豪。

2.5.3 救援行动亮点

2.5.3.1 严密组织：工作稳妥有序的保证

5月29日，在飞赴灾区的途中，救援队成立了临时党支部，领队赵和平任支部书记，支部委员包括黄建发、侯世科、赵海飞、郭治武、叶国德。在救援队工作全过程中，临时党支部充分发挥了战斗堡垒作用，全体共产党员发挥了先锋模范作用。全体支委齐心协力，率先垂范，支委会在救援现场发挥了领导核心作用。

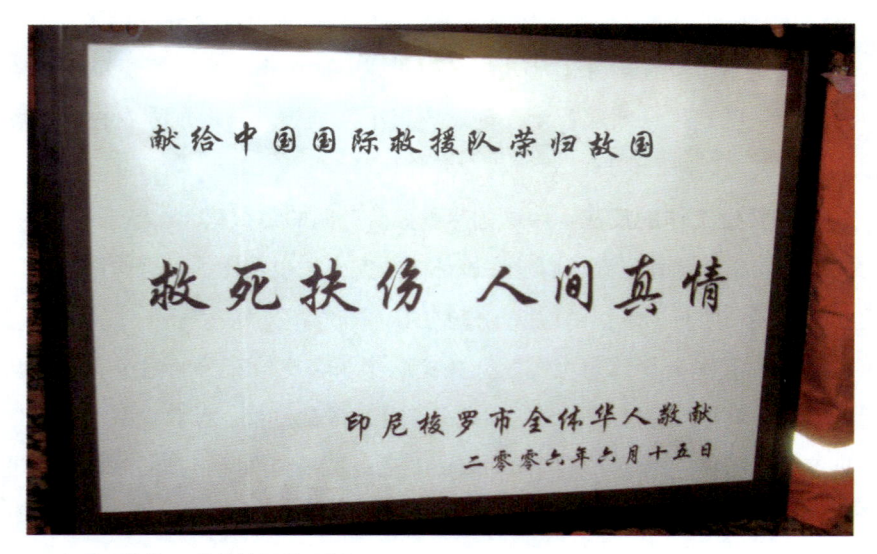

■ 印尼日惹华人赠送救援队匾额

第 2 章　中国国际救援队国际救援行动

■ 印尼日惹华人欢送中国国际救援队

■ 印尼日惹华人机场送别中国国际救援队

[115]

针对灾区天气炎热，条件艰苦，而且余震频繁，默拉皮火山活动加剧的状况，尤其针对进入平稳期后队员可能出现思想松懈的现象，党支部及时总结分析提出，在较为复杂的外部形势和队员高度疲劳的客观条件下，要采取措施进一步稳定队员情绪，要求全体队员克服麻痹放松思想，进一步强化国家意识、党性意识、救援意识、纪律意识和安全意识。在临时党支部的领导下，救援队内抓队伍管理，外抓业务工作，妥善处理各方面的关系，全体队员工作热情饱满，各项工作稳妥有序推进。

2.5.3.2 灾情信息保障：有效救援的眼睛

地震发生后，中国国际地震巨灾快速判定小组对日惹地震灾情信息进行了快速收集，迅速获取了灾区人员伤亡的实时报道数据（班图尔和克拉特恩有较大的人员伤亡）；得知地震灾区建筑物的主体类型为砖结构和木结构，而大量倒塌和严重破坏的建筑物也为该类建筑物；了解到地震灾区以农村单层结构的建筑物破坏为主，灾民以印度尼西亚爪哇岛的原著居民为主，信仰伊斯兰教等。在综合分析灾情信息的基础上，向国务院应急管理部门及时提交了灾情形势估计和对中国启示的报告。

在中国政府下达对地震灾区实施国际人道主义救援命令后，中国国际救援队对灾区的救援情况进行了较为全面的信息收集，快速查询了当地机场及其通行情况，制作了救援信息保障系列图件，同时在救援队出发前就对地震灾区的基本灾情、特点、主要受灾区域、灾区地形地貌、民俗以及地震救援的特点进行了初步分析，为救援队快速组队启动提供了重要信息依据，并确定了救援行动以医疗救治为主，兼顾灾评和搜索营救。

2.5.3.3 营地优选决策：实现现场救援最好效果的保障

当救援队到达梭罗机场时，已是2006年5月30日0时15分，梭罗机场一片寂静，只有中国民航包机运输的救援物资在紧张地卸货。2小时后，救援队直奔地震重灾区班图尔，沿途部分地段可见倒塌的民房，一些灾民露宿街头。约凌晨5时，救援队到达了灾区班图尔县县长的官邸门前，透着朦胧的夜色，可见班图尔县城破坏较轻，而与县长的简单沟通和县长官邸内救灾救济社团显示的各镇人员伤亡数字，证实主要的灾区在农村，距离班图尔县城较近。已收集到的信息表明，灾区主要位于平原地区，地震未造成交通系统的瘫痪，交通运输情况较好。救援队的营地选择，直接关系救援效果。

■ 日惹地震救援灾情信息保障

在救援队队长赵和平、副队长黄建发的带领下，先遣队5人小组对附近重灾区进行了短暂考察，并对班图尔县医院伤员情况进行了了解。为完成以医疗和灾评为主的救援目的，考虑到灾区以农村单层砖或木结构建筑物倒塌为主，伤员外伤居多，灾区处于平原地区，交通条件好，伤员易于运送等特点，决定在距离县医院很近的班图尔县城内设置营地，这样既方便及时与县医院沟通、合作，又可以让更多伤员知道中国国际救援队流动医院的位置，以最大限度地提供医疗救援。

2.5.3.4 医疗救治：爱心奉献

中国国际救援队在班图尔建立了第一所也是唯一的一所流动医院。医院

有医护人员20名（医生12名，护士6名，医疗辅助人员2名），各类药品109种，常用耗材46种，能够开展外科、内科、妇产科、儿科等多学科治疗。医疗队对流动医院和营区进行了消毒，对当地的自来水进行了检测，经过分析达到了饮用水标准，这为救援队的工作解决了后顾之忧。仅第一天，医疗队就对110名伤病员进行了救治，其中在流动医院治疗87名，在班图尔县医院的

■ 中国国际救援队印尼日惹行动基地外景

■ 中国国际救援队印尼日惹行动基地内景

"中国病区"治疗23名,并为7位伤口严重感染的伤员进行了输液。天气炎热,伤员增多,闷热的流动医院帐篷内更是让人透不过气来。在为若干名被砸伤人员实施了推拿正骨术之后,骨科医生满身大汗,疲惫不堪,但他们做稍许休息,又继续奋战,把疲劳抛到脑后。外科医生冒着酷暑汗流满面地进行手术,半天下来,摘掉手套时汗水从手套里哗哗流出。外科组医生除每天要治疗大量严重感染的外伤病人外,还在野战环境下成功地开展了骨科、普外科等大中手术23例。内科医生认真负责,精心救治,抢救危重病人3名。同时,医疗队还针对灾后大量灾民心理问题的出现,发放心理调查问卷5000余份,积极做好心理疏导和健康教育。特检组医生一专多能,任劳任怨,发现细菌性痢疾后积极进行流行病学调查,做好防疫工作。护理组工作非常辛苦,他们以高超的护理技术受到了难民的称赞。

有的队员中暑了,有的身体受伤了,但都带病坚持工作,耐心对待每一位伤病员,一丝不苟地开展救治,将热情服务带给了灾区的患者,把中国式微笑留在了印尼人民的心中。

在19天的救援中,中国国际救援队医疗分队开辟了移动医院、"中国病区",深入灾民点开展巡诊、流行病学调查、灾后心理调查和咨询等多项工作,共救治3015人,实施大手术36例、小型手术约300例,承担了班图尔灾区约四分之一伤病员的救治任务,在18个救援队中救治伤病员数量最多。

2.5.3.5 灾害快速评估:整体救援、灾后恢复重建决策的关键

救援队耗时近10天,行程3000余千米,对方圆1000余平方千米范围内190个调查点的居民房屋和桥梁、道路、供水、通信等公共设施进行了深入细致的调查和分析,确定并编绘了班图尔和克拉特恩两个重灾区的空间分布图件,阐述了灾害分布的空间特点和规律,提出正断层型地震发震构造形成班图尔重灾区的结论,并指出克拉特恩重灾区的形成与局部场地条件较差的影响有关。

灾评确定的较重和重灾区面积约455平方千米,其中班图尔重灾区面积约275平方千米,克拉特恩重灾区面积约180平方千米。灾情报告中指出了地震灾情分布特点,以及地震较小但灾情较重的原因是灾区建筑物结构不合理、建

筑物材料质量差（除砖和木结构外，部分地区就地取默拉皮火山喷发的凝灰岩作为建筑材料）、抗震性能较差、灾区位于断层带或不良场地环境上、震区人口稠密和地震发生在凌晨等。灾情报告还针对上述原因提出了恢复重建建议。灾情报告分别提交给了班图尔县县长、日惹特区长官，并通过中国驻印尼大使转交给了印度尼西亚总统。救援队的灾评工作得到了各方面的赞誉。

2.5.3.6 志愿者：医疗救助行动的守护神

在印度尼西亚日惹地震救援中，有约40名华人志愿者为中国国际救援队在灾区的医疗救治提供翻译。他们将中文译成印尼语，因部分伤员仅懂爪哇语，还得将印尼语翻译成爪哇语，通过多次翻译沟通，对伤员进行准确救治。可以说，如果没有志愿者的无私奉献，在短时间内医治3000余名伤员是不可能的。

为了帮助中国国际救援队更有效地开展医疗救治和灾害评估，当地华人社团和志愿者在为灾区民众提供食品的同时，也为救援队提供了多种食品和水果，华人志愿者的慷慨奉献让救援队的全体队员难以忘怀。

当救援队即将离开与志愿者们共同奋战了17天的班图尔灾区时，志愿者们对救援队依依不舍，很多志愿者眼里含着泪珠，与队员拥抱告别。一些伤病员家属、康复的伤病员也来到送行队伍中，给救援队队员赠送纪念品，感谢救援队的无偿援助。

参考文献

[1] 曲国胜，司洪波，索香林.印尼日惹地震救援纪实[J].中国应急救援，2006（1）.

[2] 曲国胜，赵凤新，黄建发，等.印度尼西亚日惹地震灾害及其特征[J].震灾防御技术，2007，2（4）：363-376.

[3] 郑艳芳.来自中国的天使——中国国际救援队武警总医院医疗分队印尼地震救灾纪实[J].当代护士，2007（4）.

第 2 章　中国国际救援队国际救援行动

2.6　跨越半个地球　我们把同胞带回家

——2010年1月12日海地7.3级地震救援

> **摘要**　当地时间2010年1月12日16时53分，海地发生7.3级强烈地震，首都太子港及全国大部分地区受灾严重。截至1月26日，地震已造成22.25万人死亡、19.6万人受伤。地震发生后，中国政府迅速反应，动员了从物资到医疗等各种救援力量远赴海地积极参与援助。当地时间1月14日凌晨，中国国际救援队在地震发生33小时后抵达太子港，成为第一批抵达海地的国际救援队之一。在"联海团"总部大楼的搜救工作中，中国国际救援队共找到遇难人员遗体13具。截至1月22日，中国国际救援队共救治伤员2500余人，其中重伤员500余人。中国国际救援队和在当地参与维和行动的中国维和警察，为抗击地震灾害做出了巨大努力和贡献，受到了海地政府与当地民众的热烈欢迎，同时也得到了联合国秘书长潘基文和国际社会的高度评价与赞扬。

2.6.1　灾害基本情况和国际响应

2.6.1.1　灾害基本情况

当地时间2010年1月12日16时53分（北京时间2010年1月13日5时53分），海地发生7.3级强烈地震（据中国地震台网），震源深度约10千米，地震震中位于海地首都太子港以西近20千米。地震烈度区主要呈近东西向分布，海地首都太子港基本位于9度地震高烈度区，太子港及其邻近地区遭到强烈破

[121]

坏，受灾严重。

从发震构造背景上看，地震发生于加勒比海块体上，该块体位于南美块体、北美块体、大西洋板块等五大块体以及太平洋方向的块体包围中，块体边界是地震多发区域。发生地震的加勒比海块体北部边界 Enriquillo-Plantain Garden 断裂带，性质上为近直立的左旋走滑断层，在历史上曾经发生过多次强震。截至1月22日，已经发生4级以上余震55次。这些余震主要分布于主震以西，沿 Enriquillo-Plantain Garden 断裂带分布。其中以1月20日的6.1级余震最为强烈，对灾区的建筑物造成了进一步的破坏。

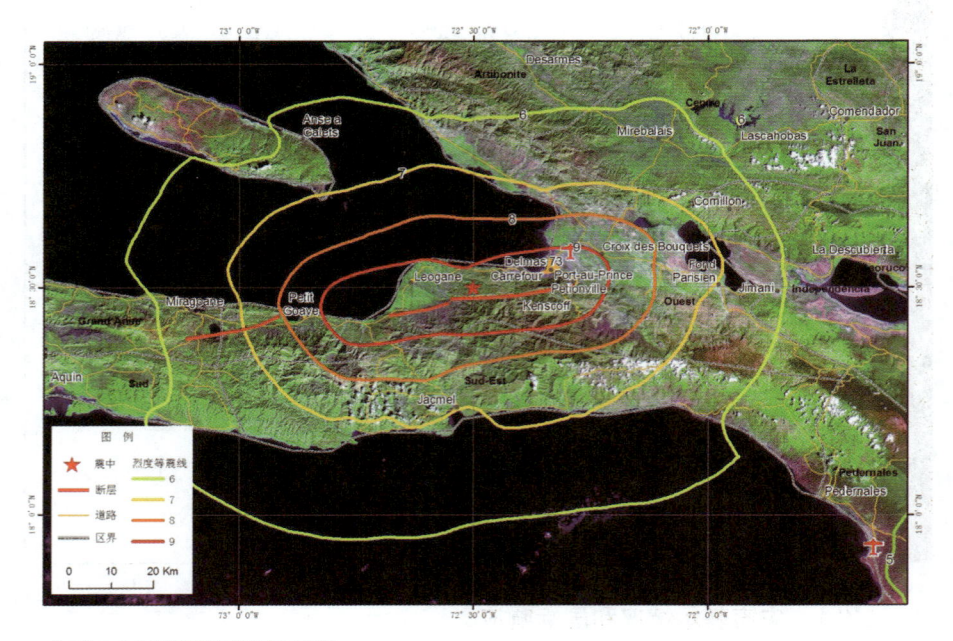

■ 海地7.3级地震烈度等震线图

海地地震震级大、震源浅，发生在海地首都太子港周边人口较密集的区域，且该区域的建筑物质量较差，以框架填充墙和未加固的砌体房屋为主，造成了大量的建筑物倒塌和人员伤亡。截至1月26日，地震已造成22.25万人死亡、19.6万人受伤。

第 2 章　中国国际救援队国际救援行动

■ 航拍太子港北部一般民房震后破坏情况

■ 航拍太子港框架房屋震后破坏情况

据联合国人道主义事务协调办公室（OCHA）的情况报告，海地太子港市中心区域部分地区有40%~50%的建筑物倒塌，西部Carrefour地区有30%~40%的建筑物倒塌或破坏严重。在受灾最重的Leogane，有80%~90%的建筑物倒塌或破坏严重。在Gressier，沿着主要道路40%~50%的建筑物破坏严重，南部60%~70%的建筑物破坏严重，Petit-Goave的一些区域超过20%的建筑物倒塌。

2.6.1.2 国际响应

联合国秘书长潘基文向在海地大地震中不幸遇难的海地人及联合国维和人员表示诚挚的哀悼。联合国从中央应急紧急基金中调拨1000万美元支援该国救灾行动，并派遣助理秘书长、前海地问题特别代表穆勒前往现场协调救援工作。1月19日安理会一致通过第1908号决议，决定向联合国海地稳定特派团增派3500名维和人员，其中包括1500名警察和2000名军事人员，以支持海地地震后恢复、稳定和重建努力。

澳大利亚联邦政府承诺1000万澳元援助。加拿大政府捐赠500万加元援助，并捐出与民间捐款相同数目的捐款，目标是1亿加元。加拿大政府宣布启动"赫斯提亚"行动，包括派出一支灾难援助应变小组和加拿大皇家海军护卫舰"哈利法克斯号"、驱逐舰"阿萨巴斯卡号"、一架C-17全球霸王运输机及2架CH-146格里芬搜救直升机。以色列外交部派出一支包括医生及救援人员的220人救援队伍，乘坐2架飞机前往海地。牙买加政府宣布进入戒备状态，随时接收受伤海地人民。手提电话网络商Digicel捐出500万美元给非政府救援组织。瑞士联邦政府派出一支隶属于外交部"发展及合作办事处"的快速应变部队，乘搭一架庞巴迪CL604挑战者医疗专机，于1月13日早上由苏黎世机场起飞赶赴海地。美国派遣美国陆军第82空降师部分单位与美国海军"卡尔文森号"航空母舰在第一时间投入救灾。在1月13日接到派遣命令后，"卡尔文森号"卸载舰上战斗机群，改载援助物资和19架直升机，随即与护航舰全速赶往海地，并于1月15日抵达太子港外海，作为美军救灾直升机的基地。美国海军另派"安慰号"医院船与"巴丹号"两栖攻击舰前往海地，这两艘船

第 2 章　中国国际救援队国际救援行动

舰可提供共约1600个床位的医疗服务。奥巴马总统承诺提供1亿美元的援助。2010年2月，欧美群星翻唱《We Are the World》，以此筹措救灾费用。英国政府承诺620万英镑援助，并派出一支71人搜救队，携带专业重型搜救仪器及2只搜救犬。英国女王伊丽莎白二世，向海地总统及受影响人民表示深切的同情及哀悼。

由于驻海地的联合国和其他国际人道主义援助机构较多，大量人员失去联系，因此该次地震引起了国际社会的广泛关注。中国维和警察部队有125人在海地执行国际维和任务，地震发生时有8人在国联合国驻海地稳定特派团（简称"联海团"）总部参加会议，地震后失去联系。党中央、国务院对该次地震高度重视，指示中国国际救援队迅速启动，赴海地参与国际人道主义救援任务，并营救中国维和人员。

2.6.2　中国国际救援队救援行动

2.6.2.1　现场救援

1. 迅速启动，赶赴现场

中国国际救援队接到指示后，立即召开救援队联席会议，对救援行动进行部署，启动国际救援响应工作程序，仅用不到4小时就完成了队伍、装备和物资的准备，于1月13日16时在首都国际机场集结，并于18时召开了动员会。外交部、中国地震局、中国人民解放军总参谋部、公安部的有关领导传达了中央领导的指示，指出救援任务情况特殊，时间紧、任务重，要求全体队员和随队人员一切行动听指挥，注意安全，发扬汶川地震救援精神，完成好党和人民托付的任务。经多方努力与协调，在确定航线后，北京时间2010年1月13日20时30分，中国国际救援队乘国航CA6076次航班飞往海地。中国国际救援队队员为中国地震局10人（黄建发、王志秋、徐志忠、冯海峰、李亦纲、索香林、司洪波、王念法、胡杰、张天罡），中国人民解放军总参谋部1人（宋建新），北京军区某部工兵团24人（刘向阳、闫嵩、秦小刚、刘刚、贾学军、杨强、童健、周心军、赵俊强、黄超、朱震海、冯凯、郝红运、王金

文、王建伟、吴杰、杨超、田强、王宝、岳林贵、林大幂、杨臣、宋群国、岳迎宾），武警总医院15人（侯世科、樊毫军、杨轶、封耀辉、韩玮、王明新、姜川、李向晖、雷联会、张谦、丁韬、曹力、林牡丹、张雪梅、张艳君），外交部人员3人（蔡伟、胡启全、李春林），公安部人员9人（刘志强、谈钧、王学军、周书奎、张军、王沁林、杨国宏、毛戎峰、姚明智），随行记者9人（冀惠彦、熊传刚、周琨、邢广利、邱俊松、应坚、袁满、王沛、党琦）。

■ 中国国际救援队执行2010年1月12日海地7.3级地震救援任务现场合影

当晚22时左右，救援队在飞机上召开了第一次全体会议，即行前动员会议。该次救援行动设前线指挥部，成立救援队临时党支部，设立救援指挥部负责救援现场指挥、后勤保障和对外协调工作。会上，中国地震局、外交部、公安部的有关领导介绍了当时地震灾区的相关情况，指出该次救援时间紧、任务重，当地情况复杂，安全形势严峻，对全体队员是一次严峻的考验。全体队员一致表示，将根据党中央、国务院的有关指示，听从前线指挥部领导的安排，不辱使命，完成祖国和人民交给的光荣任务。会议确定了领导机构组成、明确了责任，为现场救援任务的顺利开展提供了保证。

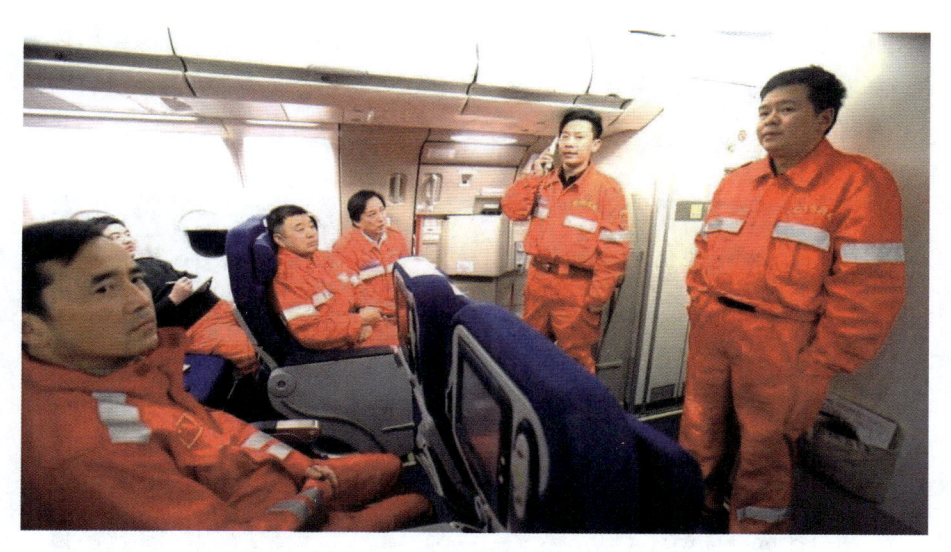

第 2 章　中国国际救援队国际救援行动

■ 救援队在赶赴海地的飞机上召开动员会议

2.到达现场，展开救援

北京时间2010年1月14日15时6分，当地时间1月14日2时6分，中国国际救援队在地震发生33小时后，携带总价值约1200万元人民币的10余吨救灾物资抵达太子港，是第四支到达海地灾区的国际救援队，也是亚洲唯一参与救援的国际救援队。

中国驻海地商务代表王书平到机场迎接。王书平介绍了灾情和救援、安全情况，传达了领导指示，明确了下一步任务。同时成立抗震救灾指挥组，指挥组由王书平代表、中国地震局黄建发司长、外交部蔡伟参赞、公安部刘志强局长、警察防暴队队长组成。指挥组决定，救援队派出由前线指挥部领导及有关人员共15人组成的先遣分队，前往"联海团"总部大楼，开展救援的前期调查与准备工作，其余人员则在卸下全部装备后前往中国维和警察部队驻地搭建营地。

当地时间3时30分左右，先遣分队到达"联海团"总部大楼所在地。该建筑原为克里斯托弗酒店，后被联合国征用，并经装修改造后作为"联海团"总部办公大楼。大楼为框架填充墙结构，地上7层、地下3层，因设计存在不

[127]

合理的地方，在地震中完全倒塌，共埋压60~100人。中国国际救援队到达现场时，来自美国的一支救援队正在对一名被确认位置的幸存者进行施救，而在该建筑内参加会议的8名中国人员仍未被发现。

■ 地震前"联海团"总部大楼

■ 地震后"联海团"总部大楼

第2章 中国国际救援队国际救援行动

先遣分队根据指挥部领导的安排,迅速对该废墟进行勘察,根据现场目击者和熟悉大楼人员提供的情况,结合大楼平面图,了解了倒塌情况和可能被埋压人员的范围。由于该大楼的结构和材料的质量均较差,整体坍塌,因此救援难度很大。先遣分队经过2个多小时的侦察及分析,初步确定了被埋压人员的位置,并制定了搜索和营救方案,即沿着已确定的一具遗体的位置进行掘进,并根据情况进一步搜索可能的幸存者和遇难人员。

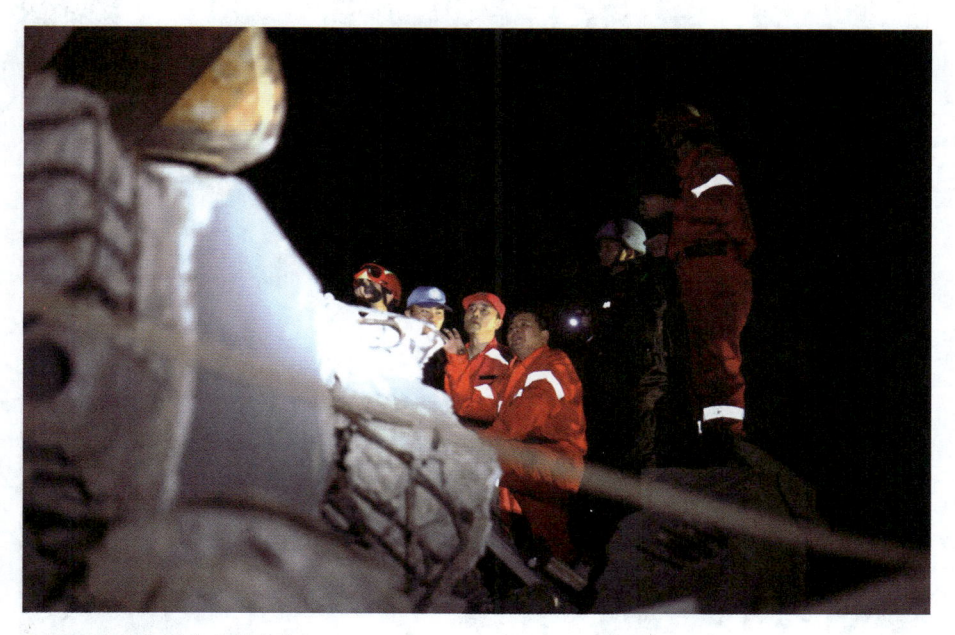

■ 现场勘察和制定营救方案

由于"联海团"总部大楼经过多次装修,楼板较厚,而填充墙体的混凝土质量较差,呈粉碎状填充于各层楼板之间,营救过程中稍微不慎,或是余震,都会造成建筑物二次倒塌,破拆、掘进的难度很大,初期的掘进和营救进度也较慢,后在防暴警察、尼泊尔士兵和巴西军方重型机械的支持下进度才得以加快。在分工上,主要由救援队负责技术指导和重型破拆,防暴警察和尼泊尔士兵负责一般拆除和废墟清理。

中国国际救援队国际救援行动纪实

■ 开展现场营救

■ 夜间开展搜救

第 2 章　中国国际救援队国际救援行动

当地时间1月15日12时左右，救援队终于将找到的第一具遗体清理出来，经联合国有关人员确认，该遇难人员为英国人，男性，姓名伍德维奇，是"联海团"行政事务主官，地震时正在参加会议，这进一步肯定了之前对中国维和人员的位置判断和制定的营救方案，增强了全体队员的信心。

3.克服困难，连续作战

由于当地高温，因此空气中弥漫着一股浓烈的尸臭。在现场救援队队员穿着密不透风的救援队服超负荷工作，在高温的炙烤下，汗水浸透全身，衣服紧贴皮肤，加之现场的高温与北京的寒冷形成强烈反差，导致不少队员身体出现瘙痒、红肿等情况。触碰过遗体的双手无法接触身体的任何部位，所有队员只能咬牙忍受瘙痒的折磨，但没有一人叫苦叫累。

楼板重叠，横梁交错，墙体呈粉碎状夹杂在废墟中，大小钢筋或扭曲或似渔网状将废墟层层包裹。当地时间1月16日2时30分，中国国际救援队连续作战48小时，在连续凿破打通6层楼板和横梁并清理废墟后，终于找到中国第一名震时在大楼参会人员的遗体，经过1小时的艰苦奋战，于3时30分完成废墟清理，经有关人员辨认，确认为公安部装财局调研员王树林。中国国际救援队和中国驻海地维和警察防暴队在"联海团"大楼废墟前面向遗体站成五列，举行了简短的现场默哀仪式，并三鞠躬，仪式庄严肃穆，代表了对每一名遇难人员的深切悼念。尽管已是凌晨3时，但救援队员仍在夜以继日、争分夺秒地搜救遇难人员。

1月16日7时12分，又一位遇难同胞、维和警察防暴队队员钟荐勤的遗体被找到，凝望着虽然扭曲但依然俊朗的脸，在场的救援队队员流出了沉痛的泪水。时间在一分一秒地流失，救援队队员的心备感焦急，有着丰富救援经验的搜救队员虽然早已断定现场废墟已没有幸存者存活的可能，但仍不惜一切代价开展搜救。

当地时间1月16日11时7分，第三名遇难同胞、维和警察防暴队政委李钦被找到。随后，在半个小时的时间内，于11时35分找到公安部国际合作局副局长郭宝山遗体，11时58分找到维和警察防暴队女队员和志虹遗体。当地时间1月16日12时3分，找到公安部国际合作局处长李晓明遗体。在尘烟四起、热浪如潮的恶劣条件下，当地时间1月16日14时58分维和警察民事警队队长赵化宇的遗体被找到，16日15时公安部装财局局长朱晓平的遗体被最后找到。

此外，在该次国际大营救过程中，中国国际救援队还分别于当地时间1月15日12时0分和16日1时0分、13时35分、13时45分、14时20分找到"联海团"行政事务主官伍德维奇、执行助理安德鲁、"联海团"维和警察事务副总监道格拉斯、"联海团"副特别代表哥斯塔和"联海团"特别代表安纳比等5人的遗体。

当地时间1月16日15时，中国国际救援队在连续作战60小时后，终于找到中国参会人员所在会议室全体遇难人员遗体。该次"联海团"总部大楼搜救工作，救援队共找到遇难人员遗体13具。救援队克服了交通、设备、天气等各种前所未有的困难，行动迅速、信息收集全面、方案制定合理，坚持科学搜救理念，在首次面临如此艰巨的遗体搜救任务时，就完整找到所有遇难者遗体，充分体现了中国国际救援队敢打硬仗、不畏艰难的救援精神。

当地时间1月17日8时30分，在维和警察基地，中国国际救援队和维和警察为遇难中国同胞举行了沉痛的哀悼仪式，当听到向朱晓平等8名同志三鞠躬时，救援队队员留下了悲痛的泪水。救援队队员没有辜负祖国和人民的重托，完成了党中央、国务院交给的任务。

4. 短暂休整，继续搜救

当地时间1月16日晚，中国国际救援队全部撤回救援队行动基地所在的中国驻海地维和警察防暴队驻地休整，由于已连续作战60小时，大部分队员相当疲劳，指挥部计划当晚暂不外出行动，休息调整，恢复体力。

当地时间1月17日，救援队根据联合国现场协调中心提供的信息，到达位于Thor 65, Rue Souchet BP13466处的一家制衣工厂（Palm Apprel S.A）开展工作。经了解，该工厂有约2000名工人，地震后有数百人被埋压，但1月16日已有一支救援队在此开展过工作，并救出4名幸存者。工厂的临时负

第 2 章　中国国际救援队国际救援行动

责人表示，已不可能存在幸存人员。救援队经现场仔细勘察后，综合各种信息，认为该处已不可能营救出幸存人员，决定离开前往其他地区开展工作。之后，救援队到达原美国大使馆对面的一栋建筑，经了解，该建筑为一家汽车配件和修理厂，仍有10人被埋压。该建筑基本完全坍塌，但存在一定的空间。经讨论，救援队决定进行犬搜索和表面搜索。经过15分钟的搜索，没有发现生命迹象。此后，救援队又前往太阳城地区开展工作，由于该地区建筑结构较为简单，基本未发现可开展搜救的废墟。

1月18日，救援队返回"联海团"总部大楼开展营救工作，并与其他救援队伍合作再次找到两名遇难者遗体。此后的连续几天，救援队连续在太子港、家乐福等区域开展搜救，但未发现生命迹象。

■ 在家乐福区一汽修厂开展搜救

2.6.2.2 医疗保障与救助

海地地震救援行动，中国国际救援队除搜救队员和结构专家外，还有15名医疗队员。医疗人员的首要任务是对营救出的伤员或遗体进行处理，在这方面医疗队做了充分的准备，制定了数个备选方案，派专人在现场配合搜救人员开展行动，对遗体和搜救现场进行及时消毒处理。医疗队员密切关注搜救人员的身体状态，发放防暑和处理皮肤异常的药品，并提醒轮换下来的搜救队员及时对手脚进行洗消。

在配合搜救队员开展现场搜救工作的同时，医疗队员还组成了医疗分队，在太子港区域开展医疗救助服务。医疗分队携带1顶医疗帐篷、心电监护仪、彩超、输液设备、换药耗材、药品等，在维和警察防暴队的保护下前往总理府、总统府、港口等区域开设医疗救助点，为灾民（主要是外伤合并感染的伤员）提供医疗服务。截至22日，中国国际救援队共救治伤员约2500余人，其中重伤员500余人。此外还曾派出一个7人小组，在维和警察防暴队的护卫下前往海中协会，为2名在地震中受伤的工作人员（主要是腰部外伤和下肢骨折）进行医治。

■ 开展巡回医疗救助

第 2 章　中国国际救援队国际救援行动

■ 在总统府前设置的流动医院

医疗分队后期主要开展卫生防疫和卫生宣教工作。在总理府及周边灾民集中居住地区消毒喷洒约500平方米；印制中法文对照卫生防病知识册子对灾民进行宣教，发放防病传单（法语）4000余份，在志愿者的帮助下为2000余人进行防疫常识讲座；对灾民进行心理疏导，发放心理疾患防治知识传单（法语）2000余份；组织20名搜救队员在营区活动室讲授心理疏导课，帮助灾民解决心理上的问题。

2.6.2.3　后勤与通信保障

根据任务需要，救援队保障工作主要由中国地震局负责，在北京军区某部工兵团和武警总医院的全力配合下，在装备、后勤、通信、医疗等方面提供了有力保障。救援队抵达灾区机场后，由于机场瘫痪，装备和物资只能采用人工搬运方式。保障组在维和警察大队的帮助下，花费6个多小时完成了卸载工作，并迅速将装备和物资送至救援现场和基地。在基地建设过程中，保障组在只有9个人的情况下，完成了基地搭建与物资分类的繁重任务。在连续60多个小时的救援行动中，保障组多次向救援现场运送急需装备，并派维修人员到现场修理和维护装备，同时保证基地的指挥、通信、生活井然有序。救援工作还得到了维和警察防暴队的鼎力支持。营地搭建在防暴队营地内，生活、饮食等基本由防暴队提供，防暴队为救援队圆满完成救援任务提供了重要保障。

■ 因机场瘫痪救援队自行卸运物资

　　海地地震救援的保障组人数在历次救援中是最少的，但携带的装备种类、数量却是最多的，保障任务十分繁重。在搜救和医疗人员在前线工作的同时，保障组的人员也在默默无闻地做着贡献。他们根据前方需要及时提供合适的装备，并定期派出人员到搜救现场检修故障装备；在饮食方面，充分考虑了现场工作的需要，为救援队搭配了合理的膳食，为完成救援任务提供了的基本条件。

2.6.2.4 现场与随行护卫

海地是世界上最落后的国家之一,自2004年以来局势一直动荡,其治安主要由联合国的维和警察来维持。地震发生后,政府基本处于瘫痪状态,大批民众在街道聚集,部分犯人逃出监狱,社会治安混乱,往来交通都需要随行护卫,这严重影响了救援工作的开展,很多到达灾区的国际救援队都因治安问题无法有效开展工作,只能依靠国际力量维持灾后的秩序。

在这种情况下,安全和护卫工作就显得尤为重要。救援队在海地开展搜救工作期间,中国驻海地维和警察防暴队克服各种困难,提供了及时、周到的现场安全和随行护卫,这是救援队及时实施搜救和开展巡回医疗救治的必要条件。据不完全统计,防暴队共提供护卫100余次,并负责救援现场的治安和秩序维护。防暴队队员身穿厚重的防弹衣和头盔,克服了在炎热天气下连续作战的疲劳,承担了比以往多得多的安防工作任务,为救援队完成救援任务提供了安全保障。

2.6.2.5 国际合作与交流

海地地震救援是国际人道主义救援历史上出动专业救援队伍最多、救出幸存者最多的一次救援行动,共有67支救援队、1918名救援队员、160多只搜救犬参与了救援。截至1月23日,共救出幸存者132人,在震后第9天仍有幸存者被救出,创造了国际救援历史上的生命奇迹。

中国国际救援队在救援过程中,积极与美国、法国、以色列、巴西、西班牙、英国等救援队,以及巴西、尼泊尔维和部队开展合作,拓展了国际救援合作的新思路。合作不仅增进了友谊,而且得到了人员和重型机械等方面的支持,提高了救援效率。在合作过程中,救援队主要负责技术指导,协同其他救援队和巴西、尼泊尔维和部队开展救援,充分展示了中国国际救援队的专业素养和技术水平。

对于每天两次的现场行动协调中心沟通与协调会议,救援队自始至终积极参与,并及时向联合国通报中国国际救援队的工作进展和有关情况,严格履行国际救援工作程序。中国国际救援队在通过联合国国际重型救援队测评后,将救援工作与国际接轨,向建设一支国际化、技术领先的队伍迈进。

此外，中国国际救援队还派出队员参与了联合国现场行动协调中心的工作，主要在接待和撤离中心为到达和撤离的救援队提供必要的信息和交通支持。接待和撤离中心设在太子港机场候机大楼，震后机场异常繁忙，起降的大部分为大型军用运输机，噪声很大，往来人员复杂。依照INSARAG的工作程序，队员和国外同行配合，及时为国际救援队协调到达和撤离事项。他们的工作得到了国外同行和国际救援队的认可，充分体现了中国国际救援队对联合国相关工作的支持与配合。

2.6.3　救援行动亮点与难点

2.6.3.1　救援行动亮点

海地地震救援，救援队在新情况、新问题面前发扬特别能吃苦、特别能战斗的精神，敢打硬仗、敢打胜仗，注重整体意识、协同意识和大局意识，圆满完成了救援任务。1月13日至24日，中国国际救援队经过11天的艰苦工作，不仅成功找到8名中国遇难人员的遗体，而且还找到7名外国遇难人员的遗体，在灾区开展了巡回医疗救护，医治了大量伤员，并开展了卫生防疫和宣传工作。中国国际救援队在执行任务过程中与其他国际救援队积极开展合作，并参与了联合国现场行动协调中心的工作，进一步扩大了中国在国际人道主义救援事务中的影响。海地地震救援是中国国际救援队通过联合国国际重型救援队测评后，首次成功实施的救援行动。救援队不畏艰难的精神和专业的救援素养得到了联合国秘书长潘基文、联合国驻海地特别代表及外国救援同行的高度赞誉。

1. 领导重视，保障有力

救援行动得到了党中央、国务院的高度重视，得到了中国地震局、中国人民解放军总参谋部和武警总部领导的密切关注，为救援队的出队、保障和后方协调提供了有力支持。各级领导密切关注灾情和救援动态，为前方队伍行动提供了有力的指导，并通过各种手段将关怀和期望传达到救援现场的每一名队员，极大地鼓舞了广大救援队员的士气，激发了他们不怕牺牲、不畏艰险、英勇顽强、连续作战的战斗精神和立足本职、扎实工作的奉献精神，使全队形成了团结一心、共同奋战的强大合力。

2. 顾全大局，齐心协力

赴海地救援队由中国国际救援队（中国地震局、北京军区某部工兵团、武警总医院）和外交部、公安部、中央电视台等多个部门的人员组成，涉及部门众多，现场又涉及中国驻海地商务代表处、维和警察等，协调工作异常复杂。各部门严格按照国内指示，顾大局、识大体，通力合作、互谅互让，以集体的智慧完成了救援任务。同时，只靠救援队本身的力量也是远远不够的，还需要兄弟单位的帮助。该次救援，中国驻海地维和警察防暴队为救援队提供了警卫、运输、食宿等相关支持，并协助救援队开展搜索与营救任务，为救援队圆满高效完成救援任务提供了有力保障。此外，与其他救援队和维和部队合作也开创了救援队救援行动的先河，也是完成任务的重要条件。

3. 发扬精神，敢打必胜

海地地震救援行动情况特殊，灾区人员伤亡严重，而且大部分救援队员是初次执行国际救援任务。中国同胞遇难、当地局势不稳、恐怖袭击频发、街头横尸遍野等情形，在某种程度上对队员的心理造成一定影响，但全体救援队员发扬特别能吃苦、特别能战斗的精神，敢打硬仗，敢打胜仗，团结一致，连续作战，圆满完成了救援任务。

在汶川地震救援后，救援队不断加强能力建设，加大培训力度，通过联合国组织的国际重型救援队测评，成为国际上第12支获得该资格的队伍。救援队不断优化救援装备，实现了人与装备的有机结合；根据救援现场实际，制定最佳救援方案。在救援行动中，救援队提出要加强重型装备与专业装备、面上剥离与点上作业相结合，为以后的救援工作积累了新的经验。

2.6.3.2 救援行动难点

1. 任务特殊，情况复杂

海地地震灾区局势动荡，救援任务的特殊性、情况的复杂性都超过以往。救援队面临了很多"第一次"：第一次在非邦交国开展救援行动，第一次在国际救援中对中国同胞开展搜索营救，第一次在治安相对混乱的区域开展救援。

2.路途遥远，时间紧迫

海地与中国相差13个时区，救援队历时近20小时，中间经停加拿大温哥华，空中飞行15000多千米才到达太子港机场，这是救援队历史上第一次前往距离中国如此遥远的地区开展救援。因时间紧迫，救援队接到命令后，准备、集结、出发等各个环节所用的时间都快于以往，在响应速度上又向前迈进了一步。

海地地震救援，对于每一名救援队员来说都是一笔宝贵的精神财富，是一次心灵的洗礼。有5名队员火线入党，在党旗下庄严宣誓。目睹了海地的社会现状，以及中国在震后第一时间派出救援队和专机赶赴海地参与救援，救援队员深深为祖国自豪，也为自己是中国人自豪。海地地震救援更是一次爱国主义教育，激发了全体队员和海外华人的爱国热情，让他们体会到了中国特色社会主义制度的优越性，体会到了中国作为一个负责任大国在世界舞台、在国际人道主义事务中发挥的重要作用。

参考文献

[1] 本刊编辑部，刘金旭.海地救援：中国在行动［J］.党史文苑（纪实版），2010（2）:1.

[2] 中国国际救援队赴海地地震救援现场简报［R］.

第2章 中国国际救援队国际救援行动

2.7 无惧危险　再次守护中巴友谊
——2010年9月巴基斯坦洪灾救援

> **摘要**
>
> 2010年7月下旬至8月底,巴基斯坦遭受该国历史上最严重洪灾。截至2010年8月30日,巴基斯坦洪灾造成1645人死亡,1540万人受灾,经济损失高达430亿美元。灾害发生后,中国国际救援队先后两次派出131名队员赴巴基斯坦开展国际人道主义救援行动。中国国际救援队克服受灾地区气候炎热、卫生状况差、疫情复杂的困难,开展了长达40天的以医疗救助为主的救援工作,每日接诊人数超千人次,共计接诊人数超2万人次,实施手术超百例。中国国际救援队圆满顺利完成巴基斯坦洪灾救援行动,受到了世界卫生组织、巴基斯坦政府与民众的一致肯定与高度赞誉。

2.7.1 灾害基本情况和国际响应

2.7.1.1 基本灾情

2010年7月24日至30日,受一种罕见的喷射气流和热带季风等影响,巴基斯坦大部分地区暴雨不断,并引发洪灾。洪水从北部喜马拉雅山山脚沿印度河走廊冲向南部的阿拉伯海,水流冲破河堤、击打水坝、洗刷街道,导致许多房屋倒塌,商业被毁。截至2010年8月7日,洪灾已造成至少1600人死亡,200万人无家可归,1400万人的生活受到不同程度影响。

直至2010年8月26日,巴基斯坦特大洪灾仍在持续,致该国至少1/5的

面积受灾，16万平方千米的土地被淹。联合国表示，该特大洪灾已造成巴基斯坦1700万至2000万人不同程度受灾，受灾民众总数已经超过2004年印度洋地震海啸、2005年克什米尔地震和2010年海地大地震受灾人数的总和。与此同时，巴基斯坦部分洪涝灾区暴发疫情，已导致至少39人死亡，数万人受感染。巴基斯坦政府下令疏散50万民众。

2010年8月30日，洪水袭击了卡雷杰马利和贾蒂两个小镇，随后汇入阿拉伯海退去，至此洪水已肆虐五周之久。

■ 洪水肆虐村庄

2.7.1.2 当地救援进展

据巴基斯坦军方的消息，截至2010年8月7日，已经出动568艘冲锋舟和31架直升机参与救援行动，帮助10万灾民转移，大约有3万名士兵正在抢修道路、重建桥梁。军方还为灾民提供了食品和帐篷等物资。

2.7.1.3 国际响应

为表达中国政府和人民对巴基斯坦政府和人民的友好情谊，中国政府第

第 2 章 中国国际救援队国际救援行动

一时间向巴基斯坦政府提供了价值1000万元人民币的紧急人道主义物资援助。后又向巴基斯坦政府提供价值15亿元人民币的人道主义物资援助，旨在帮助巴政府救助洪灾灾民和向巴洪扎地区堰塞湖受困居民提供急需的生活必需品（包括食品、帐篷、毛毯、药品、矿泉水、净水设备和压缩干粮等）。

美国国防部长罗伯特·盖茨于2010年8月11日下令将19架美军直升机派往巴基斯坦受灾地区参加救援。截至2010年8月12日，美国向巴基斯坦受灾地区的援助总额已达到7600万美元。

印度向巴基斯坦提供500万美元的救灾援助款，并对在洪灾中失去亲属的巴基斯坦民众表示深切同情。

巴基斯坦洪灾发生后，联合国从"中央应急基金"中调拨了2630万美元资金用于巴基斯坦洪灾救援。另据联合国人道主义事务协调厅官员介绍，联合国为援助巴基斯坦发出了4.597亿美元捐助请求，至8月16日共收到捐款或捐款承诺1.25亿美元，相当于总额的27%。截至2010年8月28日，联合国的一些主要机构都在巴基斯坦的主要灾区开展工作，如世界卫生组织、世界粮食计划署、联合国儿童基金会、联合国粮食及农业组织等，在医疗卫生、食品物资、灾民安置等方面均形成了系统的救灾体系。据联合国现场行动协调中心的不完全统计，截至8月28日有12支国际性的灾害评估、协调、医疗、保障、通信、水处理方面的救灾队伍在现场工作，这仅是在现场行动协调中心登记过的队伍，另外还有其他一些自发性的医疗卫生组织和双边性的国家援助队伍在现场工作，如美国国际开发署/国外灾害救助办公室、日本自卫队、沙特救援队等。

2010年8月16日，世界银行宣布同意向巴基斯坦提供9亿美元紧急贷款援助，以帮助该国应对特大洪灾。

2.7.2 中国国际救援队救援行动

2.7.2.1 应急响应

北京时间2010年8月26日8时，中国国际救援队第一批队员赶赴巴基斯

中国国际救援队国际救援行动纪实

坦开展救援行动,这是中国国际救援队第一次执行洪灾救援任务,同时也是中国国际救援队第二次赴巴基斯坦开展人道主义救援行动。中国国际救援队第一批队员为中国地震局9人(黄建发、冯海峰、徐志忠、郑荔、李亦纲、索香林、王海鹰、王建平、刘旋),北京军区某部工兵团10人(王洪国、魏庆锋、薛超、楚皂佩、林大幂、岳林贵、高万通、刘浩、顾龙、曹耀忠),武警总医院36人(张利岩、王藩、彭碧波、高娃、尹菲菲、郑娇、朱静、陈星、刘小丽、郑宏丹、席梅、程纪群、张艳君、王凤林、杨洋、汪茜、陈虹、吴敏、丁韬、封耀辉、韩承新、史宏志、韩玮、曹力、姜川、张成伟、宇鹏、王军、王贝晗、雷联会、张庆江、张永青、王辉兵、宋立琨、景福兰、杨轶),外交部人员3人(蔡伟、胡启全、李春林),随行记者5人(王大伟、李克明、袁满、李忠发、应坚)。

■ 中国国际救援队第一批队员执行2010年9月巴基斯坦洪灾救援任务回国合影

北京时间2010年9月14日10时,中国国际救援队第二批68名队员携带后勤装备、医疗装备、个人装备和救援物资(共计12.7吨),从北京首都国际机场乘包机飞赴巴基斯坦轮换已在巴基斯坦执行救援任务近20天的中国国际救援队第一批队员。中国国际救援队第二批队员为中国地震局11人(尹光辉、王志秋、白春华、周敏、姚研、何红卫、谢鹏、谢霄峰、张红、张天罡、卓力格图），北京军区某部工兵团10人（陈庆开、艾广涛、董增光、冯凯、贵晓龙、刘丹、王骥、王金文、王爽、吴需），武警总医院42人，含第一批留守队员（梁立武、车琦、陈晖、陈湘龙、高宏凯、管晓萍、胡红炎、姜旸、蒋燕、黎君、李屹、李美妮、李向晖、李志强、梁艳、刘玲、刘春梅、刘庆春、刘元明、马伏英、马立芝、梅繁勃、姚洪华、宋慧娜、孙悍军、孙岩峰、唐红卫、王宜志、杨洪、杨清萍、虞红、张开、张红果、张咏梅、张玮玮、赵杰、赵冠华、赵晓巍、景福兰、杨轶、王藩、席梅），随行记者5人（董肖明、张煜、李小虎、刘奕湛、周磊）。

■ 中国国际救援队第二批队员执行2010年9月巴基斯坦洪灾救援任务回国合影

2.7.2.2 应急救援

1. 国际协调

2010年8月28日，中国国际救援队向联合国现场行动协调中心通报了在巴基斯坦的工作情况，并将特达地区的灾情评估情况及时上报给联合国现场行动协调中心。同时救援队表示，将配合现场行动协调中心和联合国灾害评估与协调队的工作，进一步对特达地区的灾情进行评估。

2. 医疗救治

特大洪灾发生后，部分洪涝灾区暴发疫情，导致上百人死亡、数万人受感染。8月27日，联合国人道主义事务协调厅新闻官朱利亚诺表示，尽管各人道主义机构正在夜以继日地工作，加快向灾区提供援助，但其速度仍赶不上灾情加剧和灾民增加的速度。如果无法让灾民及时获得援助物资，食物、饮用水、庇护所和药品的缺乏可能导致灾区疫病流行，致使更多的人丧生，对疫情的及时防控是工作重点之一。因此，中国国际救援队的救援任务主要以医疗救助为主。

在医疗救援队指挥人员的组成上，选择了曾多次参加苏丹维和、抗震救灾等大行动，有国际维和、抗震救灾等经验的干部。在队员的组成上，以巴基斯坦当地的病情和疫情特点为依据，注重选择门急诊经验丰富的全科医生，重点加强妇产科、小儿科、皮肤科、消化科的医师配备；同时考虑到巴基斯坦的宗教信仰和民俗风情，专门选派了20名妇产科、小儿科、皮肤科的女医护人员。在后勤保障人员的组成上，注重选择一专多能的人员，如1人可担负供水、发电、焊接、维修等多项工作的水电工。

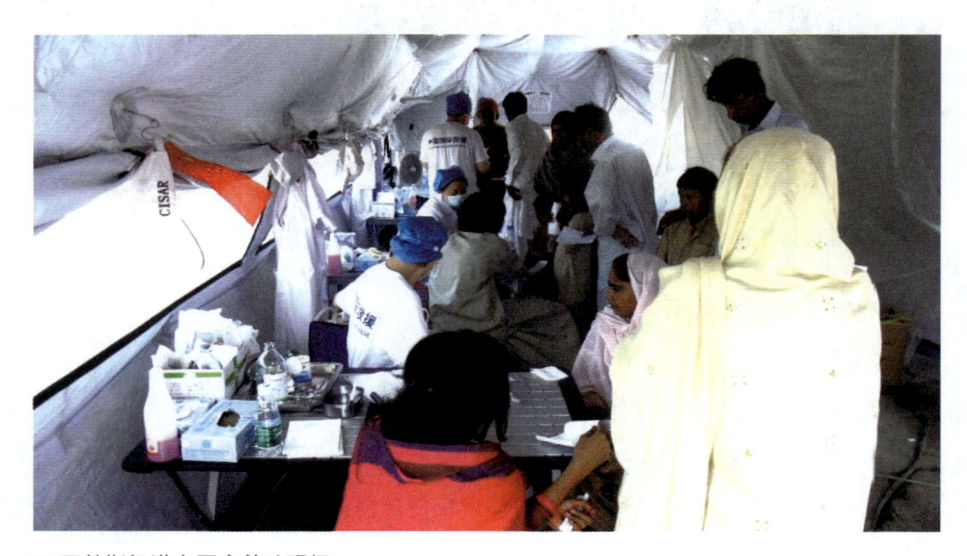

■ 巴基斯坦洪灾医疗救助现场

第 2 章 中国国际救援队国际救援行动

随着灾情的发展，灾民中皮肤病、传染病、儿科病等疾病持续增多，因此在第二批队员中及时、有针对性地增大了儿科、皮肤科和呼吸科医生的比重。这些医生都是内科、外科、检验科、呼吸科、心内科等科室的技术骨干，很多是卫生防疫、皮肤病、传染病、儿科病等方面的专家，大多都参加过国内外重大灾害救援，有着丰富的救援经验。同时还专门设立了配备麻醉呼吸机、高频电刀、便携血气机、生化检测仪等先进设备的特诊科，首次搭建了野战全封闭无菌手术帐篷，有力地增强了野战条件下特诊辅助检查诊断能力和开展手术的能力。

另外，严重的洪水灾情导致大量无家可归的人员仍在帐篷中居住，帐篷区防病工作难以开展。针对这一现状，为了对帐篷区疾病传播进行控制，中国国际救援队在营地的帐篷里开设了灾后防病志愿者培训课程，获得了志愿者的一致好评。课程由流动医院医生主讲，涵盖了如何选择干净食物和饮用水、如何保持个人卫生和家庭卫生等防病基础知识。

■ 灾后防病志愿者培训课程

同时，为了进一步加强灾区的卫生防疫工作，经过与巴方协商，中国国际救援队在当地警察和海军警卫的护卫下，深入灾民安置点为受灾群众开展巡诊工作，共巡诊110人次，并对安置点环境实施卫生防疫措施。救援队还举办了洪涝灾害卫生防疫知识讲座，向当地民众讲解了医疗卫生和防疫常识，详细解答了民众提出的问题，并将携带的抗生素、呼吸道药品、皮肤病药品、灭蝇剂、净化水等赠给了安置点的医疗机构。

中国国际救援队两批队员共计接诊患者25665人次，接诊急性腹泻病人245人、传染病9人、疟疾14人、肝炎6人、结核2人，救治重症患者6人，抢救危重症患者2人，抢救病危患儿2人，巡诊250人，开展手术100余例，进行清创、各种外科治疗977人次，生活用水消毒1123次份，医疗区域特殊情况消毒113次，高压锅器械灭菌1次，执行处方21042张。

3.卫生防疫

在卫生防疫工作中，做好营区卫生防病工作，即疾病监测介入门急诊环节，通过现场采集资料、座谈讨论等途径，加强疾病监测；病原监测介入检验环节，主动实施霍乱、疟疾等10种传染病病原监测，累计检测2090次，形成了灾区主要传染病病原监测报告；消杀工作介入医源性感染控制环节，建立

■ 营地卫生防疫

第 2 章　中国国际救援队国际救援行动

病房消毒制度和医务人员防护制度，妥善处置医疗废弃物，消除交叉感染风险；水质监测与饮食卫生监测介入后勤保障环节，认真开展水源清理、沉淀和消毒工作，并定期进行水质检测，坚持做好餐具消毒督导，提高炊事人员卫生防病意识，确保队员饮水、饮食安全。为减少消化道传播疾病，救援队在组织专家对媒介生物进行种群密度鉴定调查的基础上，对当地5个灾民安置点实施消杀作业，累计消杀面积达159万平方米，并及时进行了作业后的媒介监测，使蚊蝇密度下降2/3以上，传染性疾病得到有效控制。

4. 后勤保障

全体队员对救援行动的后勤保障总体反映良好，认为物资配备齐全、合理，平时的准备工作细致、周到，并称赞该次后勤保障工作是历次救援行动当中最好的。

救援行动基地搭建和运转。按照INSARAG指南和救援行动基地的功能需求，对基地的选址和功能进行了区域划分，根据当地的风向，把指挥部、住宿区、饮食区设在上风位置，医疗区、洗消区、厕所设在下风位置，这样可以避免医疗疾病的传播和厕所异味对生活区的污染。

医疗区管理。对所有医疗帐篷的供电线路和照明线路进行统一布置、设计、安装，以便于维护和检修；在每个医疗帐篷内分别装配电风扇，保证医疗

■ 巴基斯坦洪灾救援行动基地

[149]

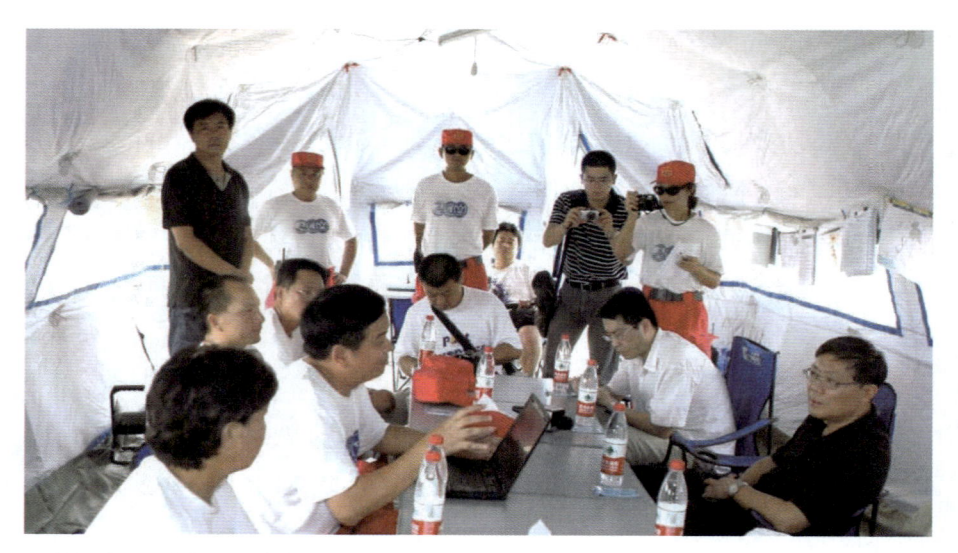

■ 救援队召开救援现场会议

帐篷内部的通风；每天对医疗区进行2次、生活区进行1次洗消，确保医疗区和生活区的卫生安全。

生活区管理。统一分配房间，实现人员住宿合理、方便；开水定点集中供应，保证队员每天有足够的热水补充；在每个房间门口放置垃圾袋，统一收取后放置到垃圾区，定点定时由巴方运出基地掩埋处理，保证行动基地干净整洁。

生活物资发放和管理。生活物资统一管理，各单位统一发放，减少中间环节，使物资发放更顺畅。针对南亚地区天气炎热、空气湿度大、紫外线照射强烈的特点，适时地制定了物资及个人装备的发放原则和标准，定时定量发放。针对洗漱、防晒用品不足的问题（一般情况下，救援执行任务为7~10天），积极协调、及时采购补充，全力满足队员的工作和生活需求。

伙食管理。对食品进行统一管理，敞开、集中供应，保证每天有一顿可口的饭菜。针对该次救援任务，依据携带食品的品种和数量，统一开饭时间，并于每天早晨在公告栏张贴各餐的主食和副食的品种，以便大家合理安排饮食。在伙食的调节上，大家集思广益、精心筹划，尽量做到科学调节、合理消耗，同时为了适应当地的高温天气，还积极为队员提供绿豆汤、解暑水果等食物，针对生病队员还特别定制病号饭，尽全力保障救援队员的饮食健康，令救援队员可以全心投入到工作中，无后顾之忧。

装备运维保障。该次救援行动是以医疗为主要任务的救援行动，所需要的装备以发电、照明和后勤设备为主，发电机成了行动基地不可或缺的主要装备。由于天气炎热，医疗帐篷需要空调设备，否则无法正常工作，但是救援队携带的发电设备只能满足基地的日常生活和正常的工作供电，无法支持空调设备的正常运转。为了保障医疗工作的顺利开展，后勤保障队员及时与当地领事馆沟通协调，采用租用柴油发电机并自主采购柴油的方式，在最短时间内解决了难题。同时还安排相关人员定期进行设施设备的清洁和保养，保证所有设施设备正常运转，为医疗救援工作的顺利开展奠定了良好基础。

设备和物资的运输。巴基斯坦洪灾救援行动是截至当时出队人数最多的一次救援行动，装备物资的重量达到18吨之多，创历史新高。由于救援地点不确定，因此给设备和物资运输工作增加了难度。在40多摄氏度的高温下，不仅要进行设备和物资的装卸，还要采取相关防护措施保证设备和物资在转运过程中不被损毁。最后经过两次飞机和陆路运输，才将所有设备和物资安全运送到指定救援点，这也是中国国际救援队组队以来运输量最大、运输过程最复杂的一次。

日常生活。日常生活管理有序。该次救援行动工作任务特殊，以医疗工作为主，需要设立诊台，救援队携带的桌椅数量不够，通过多方努力才买到20把塑料椅子。在轮换第二批队员的时候，救援队又携带了十套桌椅，以便给野战医院的医护队员创造一个更优良的工作环境。

在安保方面，营区安保由当地海军航空兵负责，实行24小时执勤，但期间还是出现了灾民强行闯入营地的情况，被安保人员阻止。针对这一情况，根据救援工作的实际，救援队修订了"营地安全规定"和"营地应急处置预案"，加强对营区的日常管理和突发事件处置，更好地保障营地安全和队员的人身安全。

2.7.3 救援行动难点与亮点

2.7.3.1 救援行动难点

该次救援行动的主要难点是受灾地区恶劣的气候条件。巴基斯坦位于南亚地区，8月天气炎热，每日气温均在40摄氏度左右，且空气湿度大、紫外线照射强烈。炎热的天气给救援工作带来不小的影响及阻滞。队员在高强度的救援过程中，出现了体力严重透支、中暑、对环境不适应、劳累过度导致睡眠障碍等问题。另外，当地生活用水不符合饮用标准，而受洪灾影响，水净化也无从谈起。

救援行动的另一个难点就是当地落后的医疗条件。巴基斯坦的医疗状况较差，当地城市供水系统不健全，管道年久失修，长期缺水，水质呈酸性，细菌含量较高，容易引发肠道疾病，不能直接饮用。城市因缺水而导致绿化率极低，空气中的粉尘含量高，苍蝇和蚊子很多，再加上医疗体系不健全，普通民众缺乏基本的卫生常识，易发生肠胃病、霍乱、肺病、结核病、肝病以及先天性小儿麻痹症等疾病。原有的医疗环境在洪灾的影响下出现了更多的问题，大批灾民以及患病者急需医疗援助，这给救援队的医疗救护工作带来了极大的工作量和工作难度，同时对后勤保障工作也是一种考验。

2.7.3.2 救援行动亮点

1. 不惧灾情，全力保障

面对严峻的洪水灾情和恶劣的工作环境，为了使救援队队员能够更好地投入工作，后勤保障队员竭尽所能从各个方面开展了细致、周到的工作。首先，对于医疗及生活区域，除了进行必要的洗消之外，还注重基地的卫生整洁，为队员们提供了良好的工作和生活环境。其次，在物资的发放与管理工作中，不仅能做到按规定、标准发放，还根据实际情况，因地制宜，有针对性地采购队员急需、适用的物品，尽最大努力解决队员们的后顾之忧，使队员们可以全身心投入工作中。最后，在队员生活方面，也本着以人为本的原则，十分关注队员的餐饮、健康。为保证队员合理饮食，费尽心思进行饮用水、蔬菜、

第 2 章　中国国际救援队国际救援行动

水果等物资的采购，同时为了使队员们劳逸结合，后勤保障队员克服困难，利用现场设备进行了电视节目的联通，让队员们在紧张忙碌的工作之余能够舒缓紧张的精神。

中国国际救援队连续出动两批共131名队员赴巴基斯坦开展人道主义救援行动，救援行动的成功离不开扎实的后勤保障工作。后勤保障工作不仅得到了相关领导的高度赞扬，更获得了所有队员的一致好评。"只有我们想不到的，没有你们做不到的"，是赴巴基斯坦洪灾救援的队员们常说的一句话，不仅表达了队员们的感激之情，更是对后勤保障工作最大的肯定与支持。

2. 妙手仁心，备受赞誉

突如其来的洪灾，对医疗条件本就较差的巴基斯坦来说，无疑是雪上加霜。灾害发生后，大量灾民急需医疗救助。中国国际救援队在长达40天的国际人道主义救援工作中，不怕疲劳，连续作战，克服高温曝晒、卫生条件差等困难，共诊治患者25664人次，开展手术100余例。

救援队到达灾区后，第一时间设立了包括儿科、妇科、呼吸科、皮肤科等20多个科室的"中国流动医院"，全力救治当地患者。在救治的过程中，为了提高诊治效率，救援队创造性地实施了"四式"救治模式：医疗布局开放式，候诊、接诊、药房等功能区采取开放式露天紧密布局，以最大限度地方便患者流动、转诊会诊；患者服务接力式，根据语言不通的实际，对分诊候诊、问诊体检、陪送检验三个环节实施接力式全程导医服务，既方便了患者，又缩短了患者通过时间；检查检验快捷式，挑选经验丰富的医师和技师，采用先进仪器设备，缩短检查时间，同步写出检查报告，使各项检查结果立等可取；药房三站式，即医师手边小药箱、现场流动小药房、后方大药库，打破常规模式，变患者取药为队员送药，将单个患者通过时间缩短40%。另外，鉴于灾区就诊患者流量不均，有时突然增大的情况，救援队整合全队力量，将指挥组人员编入候诊、分诊服务保障团队，将后勤和警卫人员编入陪送检查服务保障团队，将部分防疫人员编入临床检验和翻译保障团队，大大提升了工作效率和救治能力。同时，考虑到巴基斯坦的宗教信仰和当地风俗，医疗队还专门设立了"女士门诊"，为无数饱受疾病折磨的女患者解除了病痛。

巴基斯坦洪灾救援行动时间长、任务重，是中国国际救援队历次救援行动中专业最齐全、出队人数最多、所带装备最先进的一次。该次医疗救援行动并非单纯的灾后紧急救治，而是灾后紧急救治与常见病、地方病、多发病诊治的综合医疗救援。同时，为了提高灾民的医疗卫生意识和基础疾病防范常识，还在灾区开展了灾后防病志愿者培训以及灾民安置点卫生防疫和巡诊工作，时时处处展示了救援队救死扶伤的国际人道主义精神，彰显了中国负责任大国风采，受到世界卫生组织、巴基斯坦政府和当地患者的高度赞誉。

参考文献

[1] 李亦纲.特达地区现场考察情况［R］.

[2] 中国国际救援队赴巴基斯坦洪水救援简报［R］.

[3] 王海鹰.患难时刻见证中巴友谊——记中国国际救援队执行巴基斯坦洪水救援任务［R］.

[4] 王建平.巴基斯坦洪水救援后勤保障工作总结［R］.

[5] 武警总医院.中国国际救援医疗队圆满完成任务凯旋［R］.

[6] 梁艳，刘振华，李彦.巴基斯坦特大洪水灾害救援药品保障特点与对策［J］.武警学院学报，2011，20（10）.

[7] 许锋，宋敏，张侃，等.赴巴基斯坦医学救援的实践与体会［J］.实用医药杂志，2011，28（12）.

[8] 达尼斯·穆斯塔法，大卫·拉索尔.洪水过后的反思［J］.中国三峡（人文版），2011（4）.

[9] 杜冰.巴基斯坦洪灾及其影响［J］.国际资料信息，2010（9）.

第2章 中国国际救援队国际救援行动

2.8 变阵！小快灵的战法
——2011年2月22日新西兰克莱斯特彻奇6.2级地震救援

> **摘要** 当地时间2011年2月22日12时51分新西兰南岛发生6.2级地震，震中位于利特尔顿，距离克莱斯特彻奇市中心约10千米。地震造成市中心的中央商务区大量建筑物破坏，包括两栋钢筋混凝土建筑物坎特伯雷电视台（CTV）大楼和派恩古尔德集团（PGC）大楼，CTV大楼在震后发生火灾，造成100余人死亡。由于遇难人员中有很多国际学生，因此引起了国际社会的广泛关注。中国国际救援队一行10人于2月24日赶赴灾区，携带搜索、营救及少量的医疗和后勤保障等装备物资，在现场开展了为期17天的救援行动，圆满完成救援任务后于3月12日返回中国。

2.8.1 灾害基本情况

当地时间2011年2月22日12时51分（北京时间2011年2月22日7时51分），新西兰南岛（南纬43度24分，东经172度42分）发生6.2级地震，震源深度10千米。地震发生在新西兰坎特伯雷市，距离该国首都惠灵顿364.9千米。震中西北50千米处，曾于2010年9月4日发生过7.1级地震，震源深度约20千米，造成2人重伤。

该地震被称为新西兰克莱斯特彻奇6.2级地震，震中位于利特尔顿，距离克莱斯特彻奇市中心约10千米。虽然只是一次中等强度的地震，但受2010年发生在邻近区域的7.1级地震以及场地条件的影响，造成了大量建筑物破坏，其中受灾最为严重的是市中心的中央商务区（一个10~15平方千米的区域）。这一区域集中了主要的市政建筑、办公建筑等，破坏严重甚至倒塌的建筑物数十幢，一些在2010年地震中遭到破坏的建筑物在本次地震中倒塌。除一些早期的砖砌体老建筑（主要是教堂）外，发生倒塌的钢筋混凝土建筑物主要是CTV大楼和PGC大楼。尤其是CTV大楼，在震后发生了火灾，造成了大量的人员死亡。震后，克莱斯特彻奇超过80%的地区停水断电。此外，地震导致距离克莱斯特彻奇市约200千米的塔斯曼冰川崩裂，约3000万吨碎冰从山体滚落而下冲入南阿尔卑斯山一个湖内，形成多座冰山。

截至当地时间23日中午，新西兰总理约翰·基证实地震已造成至少75人死亡，其中55人确定身份；已确认100多人被压埋，另有300多人失踪。新政府宣布进入紧急状态，新军方已派180名军人在现场开展救援活动，另有800名军人即将到位，新消防局已动员两支北岛的救援力量赴南岛开展救援；根据联合国人道主义事务协调办公室数据显示，来自澳大利亚（两支）、日本、新加坡、英国、美国和中国台湾地区的救援队已前往震区。

2.8.2　中国国际救援队救援行动

2.8.2.1　应急响应

北京时间2月24日凌晨4时19分，中国驻新西兰大使来电，告知新方请求中国派出救援队赴新协助开展紧急救援和灾害评估工作。凌晨5时，中国地震局副局长刘玉辰召集相关人员开会，部署出队有关事宜。中国地震局应急救援司、办公室、搜救中心和国际合作司分头落实救援队队员名单、出队准备方案及与国务院办公厅、外交部、公安部出入境管理局等的联络工作。救援队由应急救援司副司长赵明带队，包括搜救队员、地震工程和灾评专家共计10人（赵明、王志秋、李亦纲、卢杰、王念法、李立、步兵、何红卫、李尚庆、余世舟），全部为中国地震局人员。

当地时间2月25日5时40分，中国国际救援队抵达奥克兰。中国驻奥克

第2章　中国国际救援队国际救援行动

■ 中国国际救援队执行2011年2月22日新西兰克莱斯特彻奇6.2级地震救援任务现场合影

兰总领事廖菊华、驻新西兰大使馆科技处王满达及新方有关人员到机场迎接。随后，根据使领馆要求，救援队前往新西兰空军基地，乘军机飞往克莱斯特彻奇，中国驻新西兰大使馆王满达同志一同前往。途中，救援队召开两次工作会议，新西兰外交部、民防与应急管理部相关人员向救援队介绍灾区救援情况及工作注意事项。当地时间2月25日16时，救援队搭乘新军方运输机到达克莱斯特彻奇灾区，中国驻新西兰大使馆参赞王胜刚及当地华人华侨到机场迎接。17时，救援队抵达国际救援队营地，并向现场行动协调中心递交了相关信息。

2.8.2.2　应急救援

救援队抵达克莱斯特彻奇后，主要开展了现场救援、房屋鉴定与震害调查、危楼临时加固处置和现场搜救协调等工作。

1. 国际协调

新西兰克莱斯特彻奇6.2级地震救援行动是一次由新西兰政府主导，美国、英国、新加坡、日本、澳大利亚、中国和中国台湾等多个国家和地区的救援队参加,以双边协调渠道为主,使用联合国多边协调机制框架和方法的"非典型"国际救援行动。

■ 救援队抵达灾区

在克莱斯特彻奇市内,新西兰政府选择了一个开阔地作为所有救援队伍的行动基地搭建场地。现场行动协调中心(OSOCC)设在新西兰救援队的行动基地中,以协调其他国家和地区的国际救援队伍。在行动期间,新西兰政府总理约翰·基到救援队行动基地与各支队伍代表会面,向救援队伍表示感谢和慰问。

2月25日,中国国际救援队到达克莱斯特彻奇的当天,队伍便直接前往OSOCC报到,登记队伍信息并听取了最新灾情和现场行动进展情况。OSOCC收集了队伍的基本情况和需求,派出人员协助队伍对克莱斯特彻奇市中心几处主要的救援场地及其周边(包括CTV和PGG大楼)进行了查看,并详细了解了两栋建筑物的类型、用途、损坏情况、人员搜救情况和潜在危险源等。当晚,救援队召开党支部扩大会议,确定了下一步的工作安排。

第2章 中国国际救援队国际救援行动

按照OSOCC的要求,中国国际救援队参加了国际救援队队长联席会议例会,会上与澳大利亚、新西兰和日本救援队的领队协商,确定了由中国国际救援队替换之前已在CTV开展救援工作的澳大利亚队,与新西兰和日本救援队一起继续开展CTV的救援工作。具体方案是由日本队负责废墟其中一侧,中国国际救援队与新西兰救援队在废墟另一侧联合开展救援工作。3月5日CTV废墟的清理工作全部结束,之后经OSOCC协调,中国国际救援队与澳大利亚救援队在克莱斯特彻奇市中心以及周边地区联合执行废墟清理和建筑物加固等任务。

■ 克莱斯特彻奇街区严重破坏区域

2. 现场搜救

截至2月25日晚,据新西兰民防和应急管理部发布的消息,已有113人死亡,200余人失踪,594人入院治疗,其中164人重伤;自救援行动开展以来,已成功搜救70人。

由于重灾区范围较小,搜救工作有限,地震发生后的第三天即2月24日,新西兰政府即宣布已基本没有搜索到幸存人员的可能,搜救工作实际上已转入遗体搜寻阶段。这一阶段首要的任务是不破坏倒塌建筑物的主体结构、采取搜救幸存人员的方式,由城市搜救队开展遗体的搜寻。

如果说幸存者的搜索尚且可以依赖气味等人类特征信息,在发现幸存者后可与其沟通获取废墟下的部分信息以利于后续营救行动,那么遗体的完整移出则必须完全依靠救援人员的研判和操作,每一个操作都必须要考虑接下来将面对的废墟和遗体的多种情况,其任务难度可以说是呈指数级增长。这是以往的实际地震现场救援行动中未曾遇到过的情况,是新西兰克莱斯特彻奇6.2级地震现场救援行动最独特的救援任务,也是最考验救援队专业技术水平的任务。

在OSOCC的现场协调下,所有搜救队伍首先对CBD区域的受灾建筑进行了整体筛选,快速排除了一些倒塌并不严重、主体结构仍然完好、存在遇难

■ 制定施救方案

第 2 章　中国国际救援队国际救援行动

人员可能性较低的建筑。而剩下的建筑物不到20栋，救援队伍主要对受灾最为严重的CTV、PGC和大教堂进行了处理。

■ 现场国际协调

在CTV废墟上寻找遇难者遗体和残骸，是日本、新西兰和中国国际救援队的主要工作任务。虽然任务有别于以往的国际救援行动，但中国国际救援队仍然在行动中体现出了专业的素养和敬业的精神。在工作开始之前，中国国际救援队对CTV大楼再一次进行了现场勘察，并认真制定了工作及轮班方案，对装备进行了仔细检查和准备。2月26日下午，中国国际救援队正式开始与新西兰救援队在CTV大楼开展联合搜救工作。由于CTV大楼倒塌后楼内的燃气管道爆炸并燃烧，再加上大楼部分倾斜的楼板叠加在一起，使得遇难者遗体和残骸的寻找工作变得十分复杂和困难。为了尽可能地避免遗体遭到破坏，同时还要留意寻找小块的残骸，废墟清理工作虽然可以使用大型机械，但大多数情况下救援队员只能使用简单的工具或徒手清理废墟。此外，当地白天天气炎热，还伴有大风以及不断的余震，因此工作开展并不轻松，且具有一定的危险性。

■ 联合搜救

根据新西兰政府的要求，所有在废墟里发现的遗体和残骸以及人员资料等都交由新西兰警方处理。由于在CTV大楼的遇难者中有许多是中国公民，因此中国政府派出5人组成的法医专家小组于3月3日抵达克莱斯特彻奇，其中包括法医病理学、法医人类学、DNA识别技术以及图像处理方面的专家，帮助当地警方尽快完成遇难者DNA鉴定工作。至3月5日CTV大楼废墟清理工作结束，中国国际救援队与新西兰救援队共清理出8具遇难者遗体。

3. 综合保障

在该次救援行动中，中国驻新西兰大使馆、当地华商和华人志愿者为队伍提供了非常有力的综合保障，包括在新西兰境内的运输、食宿、向导和其他生活保障等方面。时任中国驻新西兰大使馆科技处处长王满达和当地华人志愿者程雷直接加入队伍，协助队伍对外联络，尤其是在保持与中国驻新西兰大使

第 2 章　中国国际救援队国际救援行动

■ 在CTV大楼废墟发现并清理出一具遇难者遗体

馆和当地政府机构的沟通和衔接,以及队员的生活保障方面提供了大量帮助,使得队员能够全身心地投入工作当中。

由于救援队人员有限,且乘坐的是民航飞机,因此除必要的搜救、通信和个人装备外,并没有携带过多的后勤装备物资。通过中国驻新西兰大使馆的协调,救援队租用了当地原空军俱乐部的一个木质小教堂作为营地,每天通过车辆将队员和装备运送至其他地点。由于每天的工作时间都很长,因此队员们回到营地后的休整主要是个人卫生清洁和衣物换洗。此外,就是提前对次日需要的装备进行清点、准备和充电,这些工作一般都是所有队员共同完成。

在工作现场,队员们每天会在新西兰救援队的行动基地领取部分个人防护耗材,如口罩和手套,并补充油料。在通信方面,队伍与国内指挥部的联系主要使用携带的海事卫星电话,与OSOCC的联系则使用新西兰救援队临时配发的对讲机。

4. 支部工作

在该次救援行动中，救援队临时党支部委员为赵明、王志秋、王满达和卢杰4名同志，其中赵明同志任书记。救援队所有的行动安排和计划由每天的支委会会议讨论决定，并负责与大使馆和国内指挥部保持信息沟通。

3月6日，中国国际救援队按计划在驻地休整，上午10时全体队员进行了一次党课学习，领队赵明介绍了国际交流与合作对中国国际救援队发展和参与国际救援的作用，以及国际救援中应注意的外事纪律等。王志秋也从自身的实际工作出发，强调了国际交流与合作对中国国际救援队的发展和在国际救援中所起到的不可替代的重要作用。卢杰表示实际救援经历是最宝贵的财富和最好的教材，会倍加珍惜。队员们普遍表示收获很大，对今后更好地参与国际救援任务很有帮助。当日中午，支部组织救援队全体队员与中国驻新西兰大使馆克莱斯特彻奇地震抗震救灾指挥中心使馆同志就近一段时间的工作进行了交流，并对大使馆同志对救援队在新工作的支持表示感谢。

5. 悼念活动

为了体现国际人道主义精神，向遇难者表示哀悼，新西兰政府于3月1日12时51分举行了悼念遇难者的国际救援队集体默哀仪式。每队派出两名代表在天主教教堂集体默哀，其他救援队员则在工作现场默哀。在CTV大楼废墟现场，中国、新西兰、澳大利亚、日本等国的救援队员及当地其他人员共200~300人参加了默哀活动。

同时，新西兰政府为让部分遇难者家属能在废墟前进行悼念以寄托哀思，通过外交渠道，在3月2日组织了一次悼念活动。当日13时左右，共有7辆载有各国遇难者亲属的大轿车依次缓慢驶进CTV大楼废墟现场，其中中国遇难者亲属乘坐的一辆大轿车在废墟前停驻些许，车上的4位华裔新籍警察代表中方亲属下车在废墟前列队鞠躬，向遇难者志哀。

3月5日13时30分，中国遇难者家属在驻新大使馆人员的陪同下再次来到CTV废墟，中国国际救援队在CTV大楼废墟前集体列队，并将家属带来的鲜花、照片、信件等摆放在悼念区域。6日上午，新政府组织新西兰、中国和

第 2 章　中国国际救援队国际救援行动

日本救援队,以及现场其他参与搜救的人员,参加由当地毛利族长老在CTV大楼场地主持的最后一次悼念仪式。

6. 其他工作

3月5日CTV大楼废墟的清理工作全部结束后,中国国际救援队稍作休整又继续投入灾区的其他工作当中。根据OSOCC的协调安排,在后期的工作中,队伍主要与澳大利亚救援队在克莱斯特彻奇市中心以及周边地区联合执行废墟清理和建筑物加固等任务。

3月7日至10日中国国际救援队与澳大利亚救援队合作,混编成两组进行建筑物的排查和清理工作。7日和8日两天,中澳两组队员对4处严重破坏的临街商业建筑,以及库珀索恩酒店开展了排查和清理工作。对于临街的商业建筑,主要是进行最后的遗体排查并配合重型机械对废墟进行拆除。库珀索恩酒店的地下一层承重结构部分破坏严重,需要进行加固,以防止再次倒塌。9日,两支混编的队伍分别对纽布灵顿地区两处濒临倒塌的房屋进行了加固支撑。10日对承重结构遭到破坏的库珀索恩酒店开展鉴定和评估工作。

此外,中国国际救援队队员余世舟参加了当地政府组织的灾害评估工作,调查了包括砌体结构、石结构、钢混框架结构、木结构、装配式混凝土结构、钢架结构等多种建筑结构类型的震害破坏情况,协助当地政府分析了震害的主要原因。

2.8.3　救援行动难点及亮点

在幸存人员搜救阶段后,主要救援工作为遇难人员的遗体搜寻和废墟清理。在城市区,大型钢筋混凝土倒塌建筑物的处理十分复杂,涉及大型挖掘机的使用、专业的遗体搜寻以及身份鉴别,工作难度极大。

2.8.3.1　CTV大楼破坏严重

CTV大楼即坎特伯雷电视台办公楼,是一栋五层的钢筋混凝土框架结构建筑。除电视台外,该楼还有一所国际学校和一个诊所。在国际学校培训的有来自中国、日本、菲律宾等国家的留学生。地震后大楼完全倒塌并发生火灾,造成100余人死亡。由于有很多国际学生，因此引起了国际社会的广泛关注。

　　CTV大楼的倒塌原因非常复杂。从卫星图像上看，这栋大楼整体上分成三个部分，主体分为东西两个部分，可能建于不同时期。北侧的电梯间是独立出来的，可能做过特殊处理，在地震中基本未倒塌。而主体部分则呈叠饼状完全坍塌，基本未留下生存空间。有部分遇难人员可能是死于震后的火灾，因为一名菲律宾籍遇难者家属在震后收到了多条短信，称遇难者在地震发生一段时间

■ CTV大楼倒塌前后俯拍图像对比

■ CTV大楼倒塌前后立面图像对比

第2章　中国国际救援队国际救援行动

后发现了烟，说明其在震后意识是清醒的。大部分人员应是死于建筑物的倒塌。火灾导致很多遇难人员的遗体被烧毁，给搜寻工作造成了极大困难。

CTV大楼的遇难人员遗体搜寻工作是从2月25日开始的，即新西兰政府认为已无搜寻到幸存人员的可能之后。中国国际救援队到达现场时，澳大利亚和日本救援队已在现场开展搜救工作。中国国际救援队从26日起开始和新西兰救援队、日本救援队共同开展遗体搜寻和废墟清理工作，至3月5日工作结束共持续了8天，这么长的时间对单一废墟进行处理似乎是不可想象的，但困难主要是对火灾后遗体的仔细搜寻，即尽量不漏掉一件遇难者遗骸或遗物。

2.8.3.2　废墟清理程序复杂

废墟清理总体上可分为机械拆除、人工破拆和遗体搜寻鉴定三个阶段，这三个阶段的顺序并不是严格的，可以是交叉的、循环的。

1. 机械拆除

如果没有重型机械的配合，废墟的拆除和清理是不可想象的。通常涉及的重型机械主要有起重机、挖掘机和重型卡车。起重机一般应具有长吊臂，可在较大高度作业。挖掘机应配备挖斗和抓斗，尤其是钳式特殊抓斗。挖斗式挖掘机主要用于将清理出的废墟装运到重型卡车上。钳式挖掘机则可将破拆后的楼板、墙板钳出废墟现场，或可将其凿碎后清除。

■ CTV大楼废墟救援现场

■ 废墟清理顺序

通常可能认为重型挖掘机非常笨重，没有人工拆除来得细致，但实际情况并非如此。现有的液压式挖掘机械已经可以进行非常细致的操作，通过配合可以完成人力无法完成的工作。在CTV大楼废墟拆除现场，钳式挖掘机配合良好，2台甚至3台钳式挖掘机可配合完成一项破拆任务，如共同抓起并运离楼板、支撑可能倒塌的倾斜楼板等。挖斗式挖掘机主要是对拆除的废墟进行清理，在CTV大楼废墟的清理工作中，也被用来将处理后的废墟抓送到卡车上。

大型起重机械可用于吊运更大重量、挖掘机无法运离的楼板，也可运送搜救人员到废墟的较高区域进行搜寻和救援，并可用于危险部位的排查。

2. 人工破拆与搜寻

废墟清理过程中的破拆与营救特定幸存人员的破拆相比要简单一些，即使是发现遗体，也不需要像营救幸存者那样关注其健康状态、防止灰尘污染等。但破拆仍然是复杂的，因为要避免对遗体的损伤，在发生过火灾的CTV大楼废墟，救援队的破拆工作则更为困难。

如果是完整的遗体，则可以采取常规的破拆手段，移除覆盖在其上的倒塌物，如楼板、墙板、家具等，然后交由遗体鉴别部门处理。在发生过火灾的区域，破拆需要更加仔细。尤其是楼板之间存在火灾后遇难者遗骸的情况下，则需要对楼板进行分割拆除，并配合挖掘机将楼板运走，再配合遗体鉴别部门对燃烧后的物质进行处理。

第 2 章　中国国际救援队国际救援行动

■ 用大型机械拆除废墟

需要注意的是，对废墟的处理不能操之过急，要遵循前述工作程序，对楼板进行递进式分割、鉴别处理。确认发生过火灾的区域，对楼板也应划分区域分割处理，这样可以避免遇难者的遗物混合后更加难以区分。

下图中的废墟范围已经很小，但仍被分成大致 3 个区域再处理。通常会将 2 区、3 区的楼板清理后再处理 1 区。这可以减少破拆的工作量，如可对楼板进行整体统一处理。但实际上，对于火灾后的废墟，这样处理的后果是可能将多个区域遇难人员的遗物混合在一起，加大之后鉴别处理的难度。所以，在实

■ 人工破拆处理

际的处理过程中，对1、2、3区的破拆处理都是独立分步骤进行的。

3. 遗骸和遗物处理

机械拆除、人工破拆及搜寻发现遗骸或遗物后，就涉及如何对其进行处理的问题。新西兰的经验是由当地警察部门的遇难人员鉴别小组（Disaster Victim Identification，DVI）进行处理，这应该是最为科学和可取的。处理的程序是对遗骸编号、照相并清理出来，以备之后做身份鉴定。在发生过火灾的CTV大楼现场，很多遇难人员虽然遗体基本完整，但已无法辨认其身份，所以需仔细保留所有的遗骸和遗物。

对遗骸的清理也是烦琐的过程，需要对残留的瓦砾和灰烬进行仔细筛选，对可能辨认遇难人员身份的文件档案等也需仔细保存。

对火灾后遗骸进行搜寻时，首先要分区进行处理，避免混合；其次要进行仔细筛选，避免丢失。此外，编号、保存都应有一套标准、规范的程序，以便之后的处理。

■ 遗骸和遗物的搜寻与处理

2.8.3.3 其他问题

1. 现场安全问题

现场安全是震后废墟处理中需高度重视的问题，要避免搜救队员和其他现场工作人员在搜救过程中因余震和其他原因造成伤害。在CTV大楼废墟的清理过程中，每天都发生3次以上的有感余震，震感较强的余震往往会引起建筑物未倒塌部分的松动、掉落甚至倒塌，只有加强监控、及时报警，才能避免

第2章 中国国际救援队国际救援行动

对现场工作人员的伤害。要建立日志制度，对进入现场的人员及时进行登记。还要设立安全员，对现场情况进行监控和发布警报。

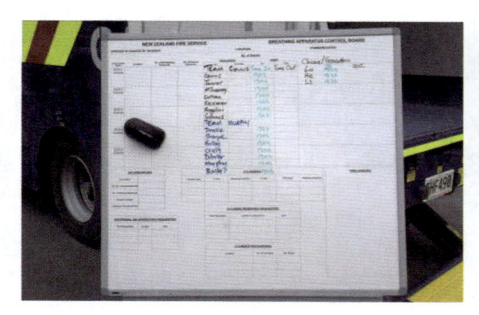

■ 现场安全监控

2. 垃圾处理与环境保护

对拆除的废墟及现场人员工作过程中可能产生的各种垃圾，要进行及时处理，以免造成环境污染。对于接触遇难者遗体、遗骸的废墟瓦砾，要进行及时消毒处理和转移，以免对其他区域造成污染。

参考文献

［1］李亦纲. 震后倒塌建筑物的处理：遗体搜寻与废墟清理［R］.

［2］中国国际救援队赴新西兰地震救援专报［R］.

［3］新西兰6.2级地震建筑物震害调查报告［R］.

［4］中国国际救援队新西兰救援简报［R］.

［5］中国地震局国际合作司. 国（境）外地震（火山）事件快报［R］.

［6］中国地震应急搜救中心. 国内外震灾及救援信息快讯［R］.

2.9 逆境中前行 大船渡我们来了

——2011年3月11日东日本9.0级地震救援

摘要　当地时间2011年3月11日14时46分，日本本州岛东海岸附近海域发生9.0级强烈地震并引发巨大海啸，造成大量建筑物倒塌、严重人员伤亡和巨大财产损失。中国政府在第一时间做出反应，向日本派出中国国际救援队，并提供紧急救灾物资等。中国国际救援队一行15人携带搜索、营救、医疗和后勤保障等4吨装备物资，于3月13日8时15分搭乘民航包机赶赴日本地震灾区实施紧急救援。救援队在现场冒着余震不断和海啸警报频发的危险开展了为期8天的救援行动。圆满完成国际救援任务后，于3月20日返回中国。

2.9.1 灾害基本情况与国际响应

2.9.1.1 基本灾情

当地时间2011年3月11日14时46分（北京时间2011年3月11日13时46分），日本本州岛东海岸附近海域（北纬38度6分，东经142度36分）发生9.0级地震并引发海啸，造成重大人员伤亡和财产损失。地震震中位于宫城县以东太平洋海域，震源深度约20千米，东京震感强烈。地震发生半小时后海啸袭击了日本部分沿海地区，影响到日本太平洋沿岸北起北海道南至冲绳岛1300多千米的区域。地震引发了浪高10米以上的海啸，在宫古测到的海浪最大高度达到40.4米，海啸侵入内陆达5千米，淹没超过400平方千米土地。

第 2 章　中国国际救援队国际救援行动

据日本总务省消防厅统计，约有15万栋建筑、近38万间房屋受到不同程度破坏，电力、供水、交通等基础设施破坏严重。地震还引发了核泄漏、火灾等次生灾害。福岛第一核电站在地震发生45分钟后遭到海啸袭击导致断电，核电站的冷却系统失灵，随后1号机组厂房发生爆炸，3号机组发生氢气爆炸，2号反应堆发生爆炸，部分核燃料棒暴露，大量放射性物质释放到环境中。日本政府在核电站周围设立了半径30千米的禁区，有超过96.2万人从福岛县撤离。核泄漏给救援行动造成了很大困难，附近的农作物和水产受到核污染，给人们带来了长久的心理创伤。地震发生时东京市中心的大型建筑物发生了剧烈摇晃，至少有6栋大楼发生火灾并冒出浓烟。日本石化企业主要分布在沿海地区，地震和海啸至少造成82起石化企业火灾。东京附近一座炼油厂和一家大型钢铁厂失火，千叶县炼油厂储罐发生连环爆炸火灾事故。地震、海啸、核泄漏、火灾等灾害叠加，造成了重大灾难。4月1日，日本内阁会议决定将该次地震称为"东日本大地震"。根据日本警察厅的数据，截至2018年3月11日，地震海啸造成约19533人遇难，2585人下落不明。

2.9.1.2　当地救援情况

地震发生后，日本中央政府和各级地方政府严格按照各级防灾计划和"日本海沟·千岛海沟周边海沟型地震应急对策活动要领"立即采取行动，并做出了一系列重要决策：14时50分，日本政府设置灾害对策室，紧急召集相关人员；15时14分，设置紧急灾害对策本部；15时37分，召开第一次灾害对策本部会议；15时38分，日本内阁召开会议；17时5分，设置原子能灾害对策本部；17时8分，总务大臣分别向宫城县、福岛县、茨城县和岩手县致电询问灾情；18时，政府决定向宫城县派遣灾情调查团；19时3分，召开第一次原子能灾害对策本部会议；21时23分，首相发出命令，要求福岛第一核电站半径3千米以内疏散，半径3千米到10千米以内退避屋内。此外，震后日本首相菅直人发表电视讲话并指挥调度协调救灾援助工作，3月11日傍晚紧急灾害对策总部会议决定日本自卫队军舰和战斗机赶往灾区参与搜救。同时，日本地方政府间救灾协作机制也迅速启动，各级政府部门纷纷动员所有资源尽全力减少地震带来的损失和人员伤亡，日本民众也充分发扬互助精神，团结起来，共渡难关。

震后第一时间，防卫省先于内阁设立了省内的"灾害对策部"，3个重灾区的行政长官均向防卫省发出了派兵救灾的请求，并紧急履行了派兵的法律程序。震后仅15分钟，航空自卫队便派遣直升机和战斗机飞赴灾区调查灾情；震后仅40分钟，包括海陆空8000余名自卫队队员及190架飞机、25艘舰艇已完成集结，从不同的基地驰援灾区，12日凌晨便到达灾区全面投入救灾行动。12日起日本自卫队进入全面救援状态，派出包括人力、车辆、战机与军舰等所有的救援力量参与救灾工作。截至3月12日15时，日本防卫省自卫队共计派出约2万人、190架飞机、45艘舰艇（包括机动部队），开始生命救助、应急支援和核紧急事态处理活动，其中包括专门应对福岛核电站事故的自卫队防化部队。13日下午，自卫队人数扩大至5万，后来更增至10万。截至7月31日，日本自卫队共派遣约1058万人次、5万架次飞机、4900艘舰艇开展救援，约半数的兵力投入了救灾行动，是第二次世界大战后规模最大的一次兵员调遣。

日本的各种专业救援队伍震后也迅速投入救灾行动。截至3月12日中午，由全国各地消防队组成的包括1080支陆上队、46支航空队和2支海上队在内的1128支紧急消防援助队被派往地震灾区，分头赶赴宫城、岩手、福岛、千叶、长野5个县，开展收集灾情、物资搬运、人员生命搜索和灭火行动。东京都、神奈川等地的371支队伍前往宫城县，埼玉、秋田等地的304支队伍前往岩手县，也有部分消防队在没有决定目的地的情况下便已出发。还有2500名警察、6500名预备役军人及200多支医疗队投入抢险救灾，开展各种专业救援行动。

2.9.1.3 国际响应

地震发生后，联合国第一时间对日本启动了常规援助程序，各国救援队纷纷关注并紧急待命。当天晚上，应日本方面的请求，联合国派出了美国、新西兰、澳大利亚和韩国4支救援队赶赴灾区。3月13日，共有包括中国国际救援队在内的14支救援队抵达或正在赶赴灾区。据日本外务省消息，该次地震期间，共有163个国家和地区以及43个国际组织对日本提供了援助。其中专

第 2 章　中国国际救援队国际救援行动

业救援方面共有14个国家的18支队伍857名专业救援人员，携带搜救犬、专业救援设备在重灾区开展国际人道主义救援行动。具体情况为：新加坡救援队5名搜救队员携带5条搜救犬于3月12日抵达福岛县，中国国际救援队15人和中国台湾救援队28人于3月13日抵达岩手县，德国救援队43人携带3条搜救犬于3月13日抵达宫城县，瑞士救援队27人携带6条搜救犬于3月13日抵达宫城县，美国2支救援队144人携带12条搜救犬于3月13日抵达大船渡市，新西兰救援队45人于3月13日抵达宫城县，墨西哥救援队12人携带6条搜救犬于3月13日抵达宫城县，苏格兰救援队27人携带6条搜救犬于3月13日抵达宫城县，英国救援队63人携带2条搜救犬于3月13日抵达岩手县，俄罗斯3支救援队161人分别于3月14日和3月16日抵达宫城县，韩国救援队107人携带2条搜救犬于3月14日抵达宫城县，法国救援队74人于3月15日抵达宫城县，蒙古救援队12人于3月16日抵达宫城县。此外，美国还派出了在日本海域的航空母舰参加救援，救援队携带了大量高科技救援装备及药品，并使用直升机、无人机等装备对灾害进行评估，为日方救援提供参考。

2.9.2　中国国际救援队救援行动

2.9.2.1　应急响应

东日本大地震发生后，中国政府在第一时间做出反应，当天下午温家宝总理就日本地震海啸致电日本首相菅直人，代表中国政府向日本政府和人民致以深切慰问，表示中方愿向日方提供必要的帮助。为帮助日本抗震救灾，中方愿意向日方提供紧急救灾物资和资金援助，也愿意派遣救援队和医疗队。应日本政府请求，中方派遣中国国际救援队赴日本地震海啸灾区实施人道主义救援。中国国际救援队由中国地震局震灾应急救援司副司长尹光辉带队，队员为中国地震局6人（尹光辉、徐志忠、周敏、王建平、刘如山、胡杰），北京军区某部8人（姜克峰、陈庆开、王晓波、刘丹、顾龙、魏庆峰、林大幂、岳林贵），武警总医院1人（彭碧波）。大部分队员都参加过汶川、玉树、海地、巴基斯坦等国内外地震救援，具有丰富的救援经验。

中国国际救援队国际救援行动纪实

■ 中国国际救援队执行2011年3月11日东日本9.0级地震救援任务现场合影

2011年3月13日凌晨,救援队在北京首都国际机场南机坪集结,同时携带搜索、营救、医疗和后勤等近4吨装备物资。在应对核泄漏危险方面,队伍制定了预防方案,并带有相关探测仪器,保证救援队伍自身安全。8时15分,救援队乘坐国航包机赶赴东日本大地震灾区。

2.9.2.2 应急救援

中国国际救援队于3月13日11时20分抵达东京羽田国际机场,中国驻日本大使和日本外务省副大臣在机场迎接。经双方协商,中国国际救援队的行动地点定在灾情较重的岩手县大船渡市。队伍迅速开展装备的卸装,3个小时后救援队搭乘日本自卫队直升机飞往花卷机场。18时抵达花卷机场后了解到当地通信已经中断,整个地区已实行军管,救援队又改乘自卫队的军车赶往重灾区大船渡市,克服了道路不畅等困难,于当晚21时抵达大船渡灾区,成为国际上第一支抵达重灾区的救援队伍。队伍抵达后,立即分成2个行动小组,1组开展搜救行动,1组进行营地选址和搭建。救援队选择了地势较高的大船渡

第2章　中国国际救援队国际救援行动

东高等学校的操场作为救援队的行动基地，并于当晚23时30分完成了行动基地的搭建。

■ 大雪后的营地

大船渡市属邻海丘陵地带，当地居民约4万人，主要受灾地区位于沿海海湾地带，房屋破坏情况十分严重，当地供水、供电和通信都已中断。救援队抵达大船渡灾区后，随即开展救援行动，建立了现场救援工作机制，队伍分成3个组：2个搜救组和1个营地留守组。队伍与现场指挥中心和其他救援队伍建立了联席会议机制，每天晚上定期召开会议，对当天救援行动进行总结并对第二天行动计划进行安排。现场救援期间，队伍的救援行动主要分为三个阶段：

一是广泛快速搜查阶段。救援队在3月14日携带生命探测仪、蛇眼等设备，通过人工搜索和技术搜索等方式在大船渡灾区开展了广泛快速的搜索行动。3月14日上午开展搜救行动过程中遇到了海啸警报，下午在搜救行动中遇到了在当地实习的中国同胞，并将这些实习生的情况向国内进行了报告。

中国国际救援队国际救援行动纪实

■ 灾区现场

■ 现场搜索

第 2 章　中国国际救援队国际救援行动

■ 现场勘查

■ 风雪中搜救

二是高效定位重点搜索阶段。救援队在 3 月 15 日至 16 日期间，采用前队快速搜索排查与后队重点详细搜索相结合的方式、人工排查与技术手段相结合的方法，在大船渡灾区开展了快速、精确的地毯式搜索排查行动。3 月 15 日上午救援队在一栋居民楼里发现 1 具男性遇难者遗体，转移出来后移交给了当

中国国际救援队国际救援行动纪实

地消防队伍；下午和晚上的救援行动遭遇了小雨、鹅毛大雪、余震和大风等情况。3月16日救援队冒着大雪继续开展搜索排查，与美国救援队在同一个任务区工作并进行了交流学习。

三是搜索死角详细排查阶段。救援队在3月16日至19日期间，通过利用挖掘机等工具对现场的废墟堆进行了清查，在大船渡灾区交替开展掘进作业和搜查作业。3月16日下午起按照工作部署，搜救行动调整了方向，由大面积搜索排查转入重点目标锁定排查，当地消防队伍协调了大型挖掘机参与现场排查和废墟清理工作。3月17日救援队冒着低温高寒大雪等不利条件，继续在工作区域内对重点目标进行搜索排查，并配合大型机械进行废墟清理。3月18日，救援队继续开展行动，美国等救援队和当地消防救援力量已陆续撤离现场；18日下午日本举行了全国哀悼日活动，救援队全体队员在救援现场列队

■ 现场默哀

[180]

第2章　中国国际救援队国际救援行动

举行了简单的哀悼仪式，集体默哀两分钟。3月19日，救援队冒着大风继续在工作区域开展搜排工作，并与刚到行动基地旁边安营扎寨的荷兰救援队进行了交流。

■ 和当地消防队伍协同工作

救援队在断水、断电、断通信的情况下，冒着余震和海啸预警频发、核辐射危机尚未解除以及大雪低温大风等危险，在灾区展开了拉网式搜索排查和救援行动。救援队按照分配的任务，在第二责任区南部、第三责任区和第四责任区约4平方千米的范围开展了详细的、无遗漏的搜救行动，共排查受灾严重地区170余处，发现并挖掘出遇难者遗体1具，成功协助68名在日本的中国公民与国内取得联系，搬移房屋损毁堆积物600余立方米，挖出损毁汽车2辆。同时，队伍在灾区开展了医疗救治、卫生防疫和心理疏导等工作，还帮助当地民众搭建帐篷、搬运物资、疏导交通等，得到了当地民众的广泛赞誉和诚挚感谢。救援行动期间，中国国际救援队根据现场实际情况及时动态调整行动策略和优先顺序，确保了搜救行动的高效完成；还与美国救援队、英国救援队

以及当地消防救援力量等开展了联合搜救行动。3月20日下午，救援队完成在日本岩手县大船渡灾区的救援工作，于当晚返回北京。中国国际救援队是首支抵达和最后撤离这一灾区的外国救援队伍，日方大使和大船渡市市长对救援队的搜救工作给予了高度的评价，救援队也赢得了日本民众的敬意和高度认可。日本一名专业的指挥协调官田中智也说："你们中国国际救援队在大船渡市的搜救行动我都看到了，对你们敬业的精神、专业的搜救技术表示很钦佩，对你们的搜救工作和成效表示感谢。"大船渡市市长户田公明先生说："中国救援队到日本灾区来救灾，表达了中国人民对日本人民的友好情谊，你们的行动对发展中日关系将起到重要作用。"救援队于3月21日凌晨1时回到北京，中国地震局、日本驻华公使以及外交部、解放军、武警部队等相关部门领导到机场迎接，并举行了简短的欢迎仪式。日本驻华公使向救援队领队送了鲜花并代表日本政府和人民对中国国际救援队表示诚挚谢意。

2.9.3　救援行动亮点

该次救援行动中，中国国际救援队是第一支抵达岩手县大船渡重灾区和

■ 救援队回国合影

第2章 中国国际救援队国际救援行动

最后撤离这一灾区的国际救援队伍，是灾区一支非常重要的救援力量。该次救援行动是中国国际救援队面临次生灾害最多的一次救援行动，全体队员克服核危机、强余震、海啸和恶劣天气等重重困难，发挥专业技术优势，凭着顽强的作风圆满完成了救援任务，得到了日本政府、当地民众和国外同行的高度赞扬和认可。

1. 牢记使命，千里驰援行动快

地震发生后，救援队各组成单位立即启动应急预案，开展各项先期准备。接到出队命令后，中国国际救援队高度重视，立即按照队伍救援行动预案快速出动。由于救援任务的特殊性，按照上级要求，救援队迅速挑选15名思想过硬、作风顽强、技术精湛、经验丰富的救援骨干，由尹光辉副司长带队赶赴灾区执行救援任务。从接到出队命令到抵达受灾国仅用了不到9小时，充分体现了队伍的快速反应能力和"视灾情为命令，视灾区为战场，视时间为生命"的救援理念。救援队在首都国际机场集结后，开展了战前动员，统一了思想、激励了斗志，全体队员表示一定牢记嘱托、不辱使命、克服困难，坚决完成救援任务，用实际行动为祖国增光添彩。

2. 组织严密，科学施救效率高

该次救援行动中，救援队在前方现场按照党中央、国务院的指示，把战胜灾难的决心意志与科学救灾结合起来，充分运用科学方法、先进手段和精湛技术，把队员的每一分付出、每一滴汗水化为最大效率。抵达灾区后，救援队立即召开救援行动部署会，传达有关指示精神，介绍灾区受灾情况，明确责任分工，组织搜救编组，建立迅捷高效的组织指挥体系，确保每名队员做到当地情况掌握清、任务分工责任清。在搜救过程中，救援队分人工搜索和仪器搜索2个小组，运用丰富的搜索经验、专业的结构评估和救援技能，根据建筑物的倒塌类型，合理使用生命探测仪、液压钳等搜救设备，在大船渡的4个责任区开展搜索排查工作，确认有无生命迹象。

3. 不畏艰险，连续作战意志坚

该次地震震级高达9.0级并引发海啸，是近年来震级最高的一次地震，破坏力、影响力均属罕见，加之震后余震频繁、潜在海啸危机严重，福岛核电站核反应堆遭到破坏，造成核泄漏，致使当地民众处在地震、海啸、核泄漏的恐慌之中。在这种情况下，救援队员始终牢记使命，以救人为己任、把灾民当亲人，哪里最危险、哪里最需要，哪里就有他们的身影。13日11时20分抵达日本东京羽田国际机场后，救援队立即组织队员卸载物资，在通信中断、交通瘫痪、困难不断的情况下，主动作为、积极协调，乘坐日本自卫队直升机赶往东北沿海重灾区。在抵达灾区后，队员们不顾体力透支，昼夜奋战，利用生命探测仪、液压钳等救援器材和采用人工搜索的方法连续工作，困了累了就在作业现场旁边的临时帐篷内休息调整，饿了渴了就在废墟旁就凉水吃单兵食品。全体队员团结一心、共同奋战，确保了救援行动的顺利完成。

4. 加强协作，救援效率提升快

该次救援行动中，中国国际救援队充分发挥多方协作优势，与日本消防队、美国救援队和英国救援队等队伍加强合作，建立了联合指挥协调机制和信息共享平台，每天通报灾情及搜救进展情况，并对次日工作任务进行分工。采用这种合作协调方式，很好地实现了救援队伍之间的技术共享、资源共享、信息共享，极大地提高了搜救效率。同时，救援队管理层在整个救援行动过程中开展了全方位的组织协调，保障小组为队伍在搜救、医疗、通信以及衣、食、住、行等方面提供了良好的保障。正是由于全队上下团结协作，救援队才能快速、科学、高效地开展救援行动，圆满完成救援任务。

参考文献

［1］北京军区某部工兵团. 救援队赴日本救援总结［R］. 2011.

［2］中国地震应急搜救中心. 国内外灾害及救援信息快讯（东日本大地震）［R］. 2011.

［3］中国国际救援队赴日纪实［J］. 中华儿女，2011.

［4］许建华，罗玲，李伟华. 汶川地震与东日本大地震救援行动对比［J］. 中国应急救援，2014（5）.

［5］彭碧波.东日本大地震多国救援队医疗行动分析［J］.中国应急救援，2011（3）.

［6］刘建国.日本"3·11"大地震应急管理反思［J］.武警学院学报，2015（10）.

［7］胡杰.日本地震海啸救援日志［J］.中国应急救援，2011（3）.

［8］吴新燕，苗崇刚，顾建华.日本东海岸9.0级地震应对给我国地震应急的启示［J］.国际地震动态，2011（4）.

2.10 大国的责任与担当　分区协调人义不容辞

——2015年4月25日尼泊尔8.1级地震救援

摘要　尼泊尔8.1级地震发生后，国际社会高度重视和关注，联合国、国际组织和有关国家纷纷启动应急响应。中国国际救援队第一时间赶赴尼泊尔地震灾区实施国际人道主义救援，在12天的救援行动中共成功营救出2名幸存者，搜索排查18个工作点430栋建筑物，发现定位遇难者遗体9具，挖出遗体3具，抢救物资910余件，开展医疗巡诊接诊7481人次，有效救治灾民3750人次，发放药品物资价值160余万元，防疫洗消面积达170700平方米，圆满完成救援任务。尼泊尔8.1级地震救援行动是中国国际救援队执行国际救援任务准备时间最短、出动速度最快、救援目标判断最准、救援效率最高的一次国际救援行动，赢得了联合国、国际社会、尼泊尔政府和当地群众的高度赞誉和一致认可，充分展示了中国负责任大国形象。

2.10.1　灾害基本情况和国际响应

2.10.1.1　基本灾情

当地时间2015年4月25日11时56分（北京时间2015年4月25日14时11分），尼泊尔（北纬28度12分，东经84度42分）发生8.1级地震，震源深度20千米，震中位于尼泊尔第二大城市博卡拉以东74千米处。地震震级大、震源浅，共造成8866人死亡，22764人受伤，中国西藏、印度、孟加拉国、不丹等地均出现人员伤亡。尼泊尔境内30多个区受灾，受灾人口超过800万，大量房屋建筑和上千座寺院被毁或严重破坏，频发的滑坡、崩塌等次生地质灾害造成交通、通信等生命线系统破坏严重。

2.10.1.2 受灾国响应

地震发生后，尼泊尔政府迅速启动应急响应，在4月25日当天宣布进入紧急状态，拨款5000万卢比（约合312万元人民币）用于赈灾，快速组织军队和武警等力量开展紧急救援行动，全国约90%的军警投入震后救灾行动，灾区民众也在第一时间开展自救互救。由于尼泊尔首都加德满都地区受灾严重，导致当地一些应急设施和应急组织机构瘫痪，给尼泊尔政府的救灾组织协调工作带来一定困难。尼泊尔内政部发言人在震后呼吁各国伸出援手，并向联合国发出国际援助请求。尼泊尔政府开通了位于加德满都的特里布万（Tribhuvan）国际机场，对各国救援队和援助人员提供免签等便利条件，同时为配合国际人道主义救援行动的组织协调和快速开展，尼泊尔政府启动了相应的国际救援行动协调机制，成立了现场多国军方协调中心并配合联合国现场行动协调中心分别对尼泊尔地震灾区的军方和非军方救援力量进行协调，确保灾区现场救灾行动协调有序地开展。

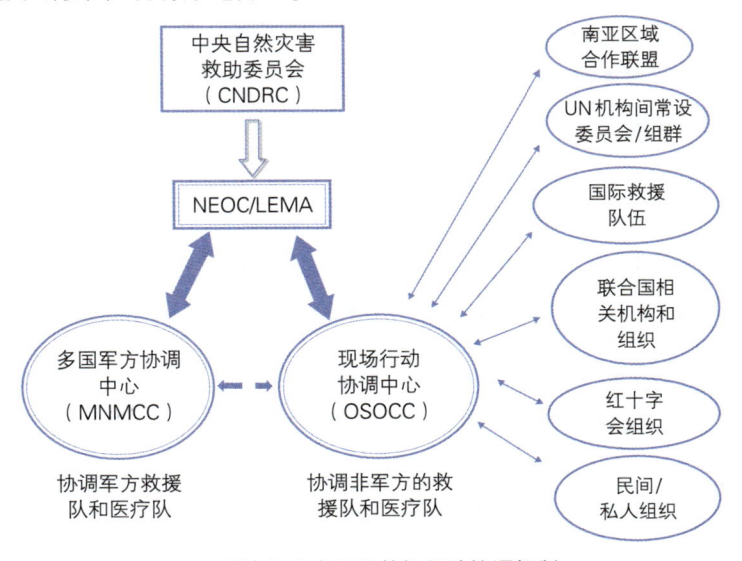

■ 尼泊尔政府国际救援行动协调机制

2.10.1.3 国际响应

1. 联合国响应

尼泊尔地震发生后，联合国第一时间启动国际人道主义援助响应机制。联合国人道主义事务办公室及其下属的相关组织积极响应，了解和收集地震灾害形势，开展向尼泊尔提供国际援助的各项准备，从曼谷紧急派出先遣队赶赴灾区。国际搜索与救援咨询团及时启动国际救援响应机制，在联合国虚拟现场行动协调中心网站迅速建立尼泊尔地震灾害应急专题并动态发布相关信息，包括灾情信息、受灾国背景情况、国际援助请求状态、国际救援队伍动态、联络信息等。同时，联合国积极呼吁和动员相关组织和队伍做好国际救援行动准备，快速组织协调派出相关人员和先遣力量赶赴尼泊尔地震灾区。联合国灾害评估与协调队在震后第一时间迅速启动应急响应，相继发出M1和M2号通知快速确定出队名单。4月26日在接到尼泊尔政府发出的国际援助请求后，联合国第一时间在虚拟现场行动协调中心网站进行了发布并号召国际社会向尼泊尔地震灾区提供国际人道主义援助，呼吁国际救援队伍快速赶赴尼泊尔地震灾区开展紧急救援行动，迅速组织和建立尼泊尔地震国际救援协调机制，并在虚拟现场行动协调中心网站发布相关信息。国际社会随之纷纷开展行动。

2. 各国救援队响应

尼泊尔地震发生后，各支国际救援队伍高度关注地震灾害形势及发展，第一时间纷纷启动应急响应，通过双边和多边国际合作关系积极沟通协调做好派遣队伍的各项准备工作，并在联合国虚拟现场行动协调中心网站动态更新队伍状态，了解收集受灾国和国际社会响应情况。在尼泊尔政府和联合国发出呼吁提供国际援助的请求后，各支国际救援队伍纷纷迅速动员陆续赶赴尼泊尔地震灾区。在尼泊尔地震救援行动中，共有来自31个国家的76支国际城市搜索与救援队伍2242名救援人员携带135条搜救犬参与。其中，通过联合国分级测评的专业救援队伍有18支。这些救援队伍在联合国现场行动协调中心的组织协调下开展了高效有序的救援行动。

第 2 章　中国国际救援队国际救援行动

尼泊尔地震救援中通过联合国分级测评的专业搜救队伍情况

序号	队伍名称	能力分级	人数	犬数
1	中国国际救援队	重型	67	6
2	日本救援队	重型	71	4
3	波兰救援队	重型	81	12
4	俄罗斯救援队	重型	87	7
5	新加坡救援队	重型	69	4
6	阿联酋救援队	重型	87	6
7	比利时救援队	中型	44	2
8	法国救援队 PUI	中型	15	6
9	德国救援队 ISAR	中型	58	7
10	荷兰救援队	中型	62	8
11	美国救援队 1 队	中型	57	6
12	美国救援队 2 队	中型	57	6
13	挪威救援队	轻型	35	5
14	阿曼救援队	轻型	20	0
15	韩国救援队	轻型	15	2
16	土耳其救援队 AFAD	轻型	36	2
17	土耳其救援队 AKUT	轻型	20	0
18	英国救援队 ISAR	轻型	26	0

2.10.2　中国国际救援队救援行动

2.10.2.1　中国政府响应

尼泊尔地震发生后，党中央、国务院、中央军委高度重视，在对西藏地震灾区积极开展救援的同时，第一时间派遣中国国际救援队赶赴尼泊尔地震

灾区实施国际人道主义救援，并组织相关部门向尼泊尔政府提供国际人道主义援助。中国国际救援队领队为赵明，队员为中国地震局12人（赵明、米宏亮、冯海峰、郑荔、张沅、曲国胜、杜晓霞、颜军利、王念法、何红卫、王建平、张天罡），北京军区2人（付晓光、李华），北京军区某部工兵团38人（霍树峰、刘向阳、陈庆开、赵子亮、李晖、赵书、申静波、张务宽、冯凯、陶宗鹏、薛天、谭秀珠、高宇、王勤胜、李绍强、宋洽、孙健、李杰、呼志华、童金鑫、刘永虎、李清武、苗赛冲、曹丛、梁海珠、孙自朝、刘文超、蒋承良、张文起、武涛、岳迎宾、郝红运、毛兴均、吴需、李彦志、董飞、李嘉豪、王亚雄），武警总医院10人（刘海峰、杨炯、王晓枫、车薇、程纪群、刘元明、马立芝、王冠军、张雪梅、郑娇），随行记者5人（白阳、王楷、帅俊全、郝亮、贺春节）。

■ 中国国际救援队执行2015年4月25日尼泊尔8.1级地震救援任务现场合影

商务部当即启动紧急人道主义救援机制，加紧安排物资迅速运抵灾区，号召在尼援外项目实施队伍在自救的同时迅速投入当地救灾，将所有库存食品和帐篷提供给当地民众，并会同外交部、财政部、民航局、总参谋部、总后勤部等部门组织实施了三轮紧急人道主义物资援助，总价值1.4亿元人民币。此外，经中央军委批准，中国军队和武警部队也实施了大规模的跨境救援行动，空军运输机分队、直升机分队、医疗防疫队、武警交通部队等救援力量在尼泊尔地震灾区开展了人员抢救、医疗救治、卫生防疫、公路抢修、灾民安置、物资空运、卫生防疫等救援行动。中国的民间救援队和志愿者也第一时间赶赴尼泊尔救灾现场，在尼中资企业和华人在自救的同时也纷纷投入救援行动中。

尼泊尔地震救援行动是新中国成立以来出境实施国际人道主义救援行动规模最大的一次，中国政府、军队和民间的全力驰援让尼泊尔人民切身感受和体会到了中国政府和人民对尼泊尔的深厚情谊，也为尼泊尔政府开展抗震救灾行动提供了有力支持和重要保障。

2.10.2.2 救援行动

震后2.5小时，由67名经验丰富的搜救队员、医护队员、地震专家和技术保障人员组成的中国国际救援队，携带6条搜救犬、17吨救援物资和装备在机场快速集结；震后不到22小时，中国国际救援队抵达尼泊尔首都加德满都，成为第一支到达的通过联合国测评的重型救援队伍。飞行途中，救援队在飞机上召开第一次全体队员会议，队伍管理层仔细讨论了队伍抵达后的行动方案和部署，详细分析了尼泊尔地震的灾情特点，为救援队抵达现场后顺利开展行动奠定了重要基础。在中国驻尼泊尔大使馆和尼军方的大力支持下，中国国际救援队在灾区实施搜救行动12天，成功救出两名幸存者，为灾民巡诊7481人次，并圆满完成了联合国人道主义事务办公室现场行动协调中心安排的分区协调任务，得到了尼泊尔政府和国际社会的广泛赞誉。

1. 现场救援

中国国际救援队到达尼泊尔首都加德满都机场后，迅速派出8人搜救先遣小分队前往加德满都市区西北部的巴拉珠（Balaju）地区，经过紧张的搜索排查，很快在一个批发市场内发现一名幸存者被倒塌建筑物埋压。救援队副总队长曲国胜深入废墟内部观察人员埋压情况，发现幸存者为一男孩，其左臂被废墟埋压，面部向下，后背和臀部可动，其生命体征正常。因情况紧急，在对结构进行评估后，曲国胜向救援队管理层请求支援，队伍派出王念法、何红卫、张文起3名队员携带营救装备前往支援。

■ 在飞机上部署救援工作

　　根据评估结果，王念法等3名队员深入废墟，对受困者实施营救。灾区余震不断，塌落的废墟极易对受困者造成二次伤害。他们首先对受困者暴露在外的身体区域用木板进行支护，防止二次伤害的发生，支护完毕后，用手动破拆工具对埋压受困者手臂的废墟进行破拆。营救过程中，受困者情绪不稳，他们在当地向导的帮助下不停鼓励被埋压的受困者。地震幸存者因挤压综合征的死亡率非常高，因此经验丰富的王念法、何红卫用绳索将受困者的左臂上方勒紧，以防止挤压综合征的发生，之后让外围的队友递过担架，在不改变受困者原有姿势的同时，用毛毯把受困者包好，慢慢移出废墟。经过4个小时的紧急营救，16岁的少年瑞纳被成功救出，围观的当地群众鼓起雷鸣般的掌声，向中国国际救援队致敬。救援队表现出的高效、专业得到了包括尼泊尔总理在内的尼政府官员及社会各界的高度赞誉，中国国际救援队是26日已到达的7支国际救援队伍中唯一成功救出幸存者的救援队，得到了各方的充分肯定。

　　营救出第一名幸存者后，队员们顾不上休息，随即赶往另一个营救地点。

第 2 章　中国国际救援队国际救援行动

■ 营救第一名幸存者

■ 第一名幸存者被救出

在加德满都西北部一栋7层宾馆废墟中，救援队通过勘察发现第二名幸存者，受困者为深层埋压，救援难度很大。详细定位后，曲国胜、王念法、何红卫与总队长霍树锋一起商量制定营救方案，一是从现有废墟垂直破拆实施营救，二是破拆到地下室，再向上破拆施救。

■ 分析判断灾情，制定救援方案

确定好方案后，队员们分两组实施救援，但由于7层钢筋混凝土建筑物1~4层呈叠饼状倒塌，造成营救进度极其缓慢。为了加快营救进度，在曲国胜的带领下救援队制定了第二营救方案，首先找到该宾馆的房主，画出该宾馆的建筑物结构图和内部房间使用图，并初步确认幸存者在1层的吧台附近。根据图纸，救援队开始与当地驻军和志愿者一起将外侧废墟清理掉，由于该7层建筑物是旋转式向西北方向整体倾斜，因此很快清理并显出了一层的外侧基础。通过判断，救援队决定在倒塌建筑物一层的内侧向下打出一个平洞，当平洞打

第 2 章　中国国际救援队国际救援行动

通后，意外的事件发生了，平洞下方的地下室出现了一个大的污水池，水深约 1.5 米，救援人员无法下去。曲国胜与尼军方和当地群众协调，很快调来水泵，在 26 日入夜时开始将污水池的水不断抽出。

■ 用木块做支撑加固墙体

26 日夜间，灾区气温骤降，大雨滂沱，营救行动困难重重。时间就是生命，为了尽快救出幸存者，曲国胜、王念法、何红卫没有轮换，困了累了席地而坐眯上一会儿，随着营救不断深入，幸存者越来越近。

27 日早晨，曲国胜、王念法、何红卫三位同志在返回营地向救援队决策层汇报，进行短暂的休息后又继续返回营救现场与其他救援队员汇合，队员杜晓霞随他们一起赶赴现场参与营救。队员们在对现场废墟结构进行安全评估的基础上，共同商讨确认了进一步的营救方案。27 日下午，土耳其救援队来到营救地点加入救援。经过 26 日夜晚和 27 日白天连续 24 小时的破拆和掘进，打通了一条狭小的生命通道，向被埋压人员补充了水、葡萄糖和生理盐水，有效保持了幸存者的求生信念和生命体征。

中国国际救援队国际救援行动纪实

■ 第二名幸存者营救行动

　　在接近受困者时，一个问题摆在救援队面前。该受困者的右腿被倒塌废墟掩埋，王念法深入废墟实施勘察后，协商决定用液压装备开展行动，先清理受困者周围废墟，再用液压多功能钳对压在受困者腿部的钢管进行剪切，关键的问题是如何破拆直接压在受困者腿部的木板，唯一的方法同时也是最安全的方法就是用液压多功能钳进行扩张，用上方的重量及扩张钳的扩张力将木板破碎。破拆时受困者右腿被废墟牢牢压住，王念法进入废墟实施止血带固定，固定完毕后队员轮流对压在受困者腿部的废墟实施破拆。北京时间4月28日凌晨4时15分，经过34小时的轮番作业，21岁的男性青年约翰被成功救出。行动结束后，土耳其救援队队长找到曲国胜、王念法和何红卫，向救援队竖起了大拇指，表示通过该次协助救援，在方案制定和搜救技术方面向中国国际救援队学到了许多。

第 2 章　中国国际救援队国际救援行动

■　土耳其救援队加入救援

■　第二名幸存者被救出

■　井下救援

截至4月27日，救援队完成对加德满都市正北、东北、西北三个方向的主要搜救区域的搜寻，并对当地军队和灾民提出的可能存在幸存者的区域和废墟进行搜救排查，均未发现生命迹象。28日，救援队在联合国救援协调中心指定的巴拉珠地区和当地政府确定的贡阿布（Gongabu）、雅加（Yagya）地区进行搜寻排查，共搜排20个废墟，未发现新的幸存者，帮助抢救各种物资910余件；在新巴士停车场（New Bus Park）附近的一个废墟救援现场指导当地军方力量开展营救行动。

救援队在现场行动期间，共对18个工作点的430栋建筑物进行了搜排，共定位遇难者遗体9具，挖掘出3具，其中一名为尼泊尔少校军官。

2. 科学研判

救援队在尼泊尔地震发生后一直高度关注灾区灾情，进行了科学的分析研判，为救援行动的决策部署提供了重要支持。特别是在抵达尼泊尔地震灾区后，救援队在灾区现场与当地政府和军方紧密沟通联系，在开展搜救行动的同时对灾情进行了调查评估，分析给出了加德满都谷地重灾区和北部山区极重灾区的宏观灾情特点，指出加德满都市区内大量古建筑和北部农村的土、石、砖房屋倒塌数量较多、分布较为分散；市区西北部地区沿河道两侧分布的高层建筑物多发生层叠式倒塌造成大量人员被埋压；北部山区极重灾区主要呈近东西向分布，长约300千米，区域内大量建筑物成片倒塌，滑坡体和雪崩大量存在，部分村庄和旅游营地被埋，桥梁垮塌，交通、通信和电力中断，造成大量人员伤亡。基于对宏观灾情的分析研判，救援队对现场救援行动部署提出了具体的建议，向国内后方指挥部提出了关于国际援助方面的建议，并向尼泊尔政府提出了恢复重建方面的建议，为救援队圆满顺利完成救援任务提供了可靠信息和重要支持。

3. 医疗救治

救援队医疗队员的任务主要有三项：

一是做好营区医疗保障和卫生防疫工作，每天为执行搜救任务的队员进行身体检查，安排人员通过网络和居民点调研进行疫情收集，在进出营区路口设立防疫洗消点，并对营地内的重点区域强化喷洒，保障队内医疗安全。此外，医疗分队还对尼军方派来护卫救援队驻地的10余名出现身体不适的军人进行了医治。

二是保障搜救行动，派出队员随搜救分队开展搜排，对伤者进行紧急医疗处置，以及对遇难者遗体进行处置，并在救援点附近搭建临时帐篷开展诊疗。对于遗体处置和卫生防疫，队员们严格执行"两戴、三喷、两泡"原则，即严格佩戴一次性口罩、双层手套，喷洒营地、衣物、装具，泡手、泡救援靴。4月30日，医疗与搜寻联合分队赴距离营地约25千米的北部山区桑库（Sankhu）等地进行巡诊和搜寻排查。该地区受灾严重，交通不畅，震后尚无救援力量到达，大量灾民未得到有效救助，卫生环境恶劣。联合分队沿路向拦车的灾民提供诊疗帮助，经3小时跋涉抵达桑库后，医疗队员对当地灾民及时进行救治，共巡诊152人次，医疗处置78人次，包括1名82岁骨折老人和2月龄患脑震荡的婴儿，发放药品、一次性医疗用品价值约合1.7万元。

三是安排队员到附近的灾民安置点开展巡诊和卫生防疫，安置点均为灾民自行搭建的简易帐篷，空间狭小、卫生条件恶劣，医疗队员为灾民送医送药，得到灾民欢迎和高度评价。

尼泊尔救援期间，中国国际救援队在加德满都市区、丹丁等灾区开展了巡诊、搭设了医疗点，共巡诊7481人次，有效救治灾民3750人次，发放了价值130余万元的药品物资，防疫洗消面积达170700平方米。

4. 综合保障

搜救行动的有序开展，离不开多方的强力保障，装备、后勤、通信、信息缺一不可，救援队的保障人员在灾区艰苦的环境下各司其职，各负其责，专业高效的保障工作为合理施救、科学施救提供了坚强后盾。

尼泊尔地震救援行动，中国国际救援队共携带侦检、搜索、营救、破拆、支撑/顶升、动力照明、辅助等八大类救援装备30箱391件套，**重量2.75吨**，装备准备、调配、运送全由保障队员负责掌控，整个救援行动期间，救援装备完好率达到100%，装备故障率为0，有力保障了救援队的现场营救能力。同时，装备保障队员还负责行动基地动力照明设备的日常维护、油料添加和设备运行，为行动基地的夜间场地照明和基地安全提供保障。

■ 行动基地全貌

■ 装备保障区

为了不给灾区增加压力,国际救援队伍的后勤一般是自给自足。中国国际救援队携带了8吨后勤物资,包括个人装备、食品、水和帐篷等,能够确保队伍在灾区工作10天以上。后勤保障队员负责规划营地,每天为全队安排食宿、协调车辆,解决生活中大大小小的问题,不嫌琐碎,不言辛苦。

通信如同救援队的耳目。只有通信畅通,救援队才能耳聪目明,实现队伍内部、前后方、队伍与灾区各组织等各方面的联络沟通,为救援提供最新信息。通信保障队员的职责是在灾区通信不畅的情况下,搭建起前方与后方、国内与尼泊尔的沟通桥梁,确保重要数据的传输,为救援行动提供支持。

此外,救援队还设有信息员,承担信息保障任务,为指挥决策提供支持。信息员的职责是时刻注意收集汇总内外部、前后方等各方的信息和图件资料,按照救援行动需求对营地指挥部帐篷进行布置,定期对搜救行动进展、最新灾情、天气信息等进行更新。现场救援行动期间,及时收集汇总前方救援队的行动进展,与后方信息保障工作组保持联络,根据后方的需求定期提供有关信息。比如5月1日救援队决定派出小分队赶往丹丁白希(DhadingBesi)区域之前,信息员积极与后方联络协调收集该区域相关背景信息,并在小分队出发之前及时提供有效信息。

该次救援行动的信息员是杜晓霞,她作为救援队中的联合国灾害评估与协调队队员,在准备、行动和撤离等整个救援行动期间,还积极关注跟踪联合国虚拟现场行动协调中心发布的各种信息,收集最新灾情形势报告、国际救援队伍行动进展、人员伤亡和受灾程度分布、灾区现场搜救行动责任区域划分、联合国现场行动协调中心会议通知、国际救援队伍撤离动态等各类图件和文字信息。同时,及时将队伍的联络信息、营地位置、工作场地位置、救援行动进展、撤离计划、任务简报等信息在虚拟现场行动协调中心上发布,有效确保与联合国和国际救援队伍的信息沟通联络。

5. 区域协调

该次地震国际上共有30个国家的76支救援队伍2242名救援队员和135条搜救犬参加了救援行动,救援行动协调是有效开展行动的重要前提和保证。

中国国际救援队国际救援行动纪实

4月29日至30日，按照尼泊尔官方和联合国救援行动协调机构的安排，对各支联合国框架下的国际救援队搜排行动进行了任务分区，将加德满都市共分为13个区，每区指定一支救援队承担协调任务，中国国际救援队被指定负责G区的搜排协调任务，法国、西班牙救援队主动与中国国际救援队联系参加该区域的搜排工作。经共同研究商定，将该区域划分为三个子区域，分工负责。

■ 中国国际救援队在指挥部组织召开分区协调会议

■ 中国国际救援队在G区进行现场协调

第 2 章　中国国际救援队国际救援行动

随即，中国国际救援队派出搜救队伍前往负责的区域开展搜排，派出两名队员随法国、西班牙联合救援队一同行动，负责联络沟通。救援队未发现幸存者和遇难者遗体。法国、西班牙救援队也未发现幸存者和遇难者遗体。30日上午，俄罗斯救援队也正式提出加入中国国际救援队负责的G区共同开展搜排。

■ 中国国际救援队在G区与西班牙救援队开展联合搜排

■ 中国国际救援队在G区与俄罗斯救援队开展联合搜排

5月1日，按照尼泊尔官方和联合国救援行动协调中心的安排，各国际救援队向加德满都外围拓展，将加德满都以外灾区分为东部、西部、北部三个区域，分别由荷兰、中国、美国救援队负责区域内国际队伍的总协调，中国国际救援队负责加德满都以西至博卡拉（Pokhara）的区域。新加坡、马来西亚、泰国、俄罗斯救援队参加西部区域的搜寻排查行动。经共同研究商定行动方案，在西部地区开展工作的各国际救援队伍进行了区域分工，中国国际救援队20多名队员在曲国胜的带领下，携轻型装备、4条搜救犬和单兵帐篷等保障物资前往丹丁（Dhading）的丹丁白希（DhadingBesi）地区开展协调和搜寻排查行动，累计搜排18个工作区的430栋建筑物。

■ 中国国际救援队在丹丁区域进行分区协调

在该次救援行动中，中国国际救援队中的联合国灾害评估与协调队队员杜晓霞还积极参与了联合国协调事务。4月29日和30日，杜晓霞参加了联合国现场行动协调中心的搜救行动协调会议；根据联合国现场行动协调中心的要求，于5月2日被派往联合国现场行动协调中心的搜救行动协调中心进行工作支持；5月3日，被派往机场的接待撤离中心进行工作支持，为20多支救援队办理了登记注册手续，并向他们通报了最新情况。

5月4日凌晨尼政府正式宣布国际搜救行动结束，正式转入重建阶段。5月6日起中国救援队原则上不再外出执行任务，在营地围绕携带物资的整理、捐赠物资的准备、营地环境整理等开展工作。同时，中国国际救援队的专家还结合灾区实际情况，撰写了《关于尼泊尔8.1级地震救援与恢复重建工作的思考与意见》的报告，并提交尼泊尔政府。5月8日，救援队撤离回国。

2.10.3　救援行动难点

2.10.3.1　国际救援响应机制有待完善

尼泊尔国家贫穷，政府对抗震设防、灾害应急预案不够重视，缺乏专业救援队伍，民众很少接受专业的地震安全知识教育，应急意识薄弱。在灾后安置方面也存在很多不足，对高强度余震的应急准备不够充分，也未能将灾民转移到安全区域。因此，国际援助在灾后初期尤为重要。但是现实情况是援助国需在受灾国家请求后才能提供国际救助，影响了宝贵的救援时间。大部分救援队是27日和28日两天到达灾区的，当时地震已发生48小时以上。如何简化国际救援手续，受灾国如何在第一时间做好接纳国际援助的准备，如何提高国际救援队的响应速度，这是国际救援响应机制需要完善的地方。

2.10.3.2　信息沟通不顺畅

一是当地政府协调能力较差，整个地区信息沟通不畅，以至于出现救援重叠或空白。救援力量主要集中在加德满都及其周边，而其他受灾区域则无人问津，一些偏远山区灾后很长时间仍未得到政府的救助。这主要是由于尼泊尔政府没有提供有效的受灾区域信息，没有给予正确的指导与建议，也没有对救援行动做出总体部署。

二是参加尼泊尔地震救援的76支国际救援队伍中仅有18支队伍通过联合国救援能力测评，这18支队伍在相同的标准下开展救援行动，合作顺利，而其他救援队伍的能力、装备与救援方法各不相同，增大了现场沟通协调合作的难度，影响了救援效率。

2.10.4　救援行动亮点

2.10.4.1　救援行动及时有效

尼泊尔地震救援行动是中国国际救援队执行国际救援任务准备时间最短、出动最快、出队人员最多、肩负使命最重的一次行动。地震发生后，中国政府高度关注尼泊尔遭受的灾害，派出中国国际救援队前往开展紧急救援，震后不到22个小时即抵达加德满都，成为第一支到达的通过联合国测评的重型救援队。到达灾区后，救援队在组织卸载装备物资的同时，紧急赶往受灾严重的加德满都市区巴拉珠地区开展生命救援，经过紧张的连续搜索营救，成功救出2名幸存者[1]。医疗分队全程配合搜救行动，对救出的2名幸存者进行了紧急治疗后转交当地医疗部门。之后在灾区开展了大规模搜排和医疗救治，用实际行动赢得了尼泊尔政府、受灾群众和国际社会的广泛赞誉。

2.10.4.2　安全理念贯穿全过程

尼泊尔地震震级高、震源浅、破坏性强，加之行动期间灾区余震不断，险象环生。救援队从出发前的动员大会到飞机上的第一次全体会议，再到现场救援行动期间的每天例会，一直强调救援行动的安全。救援队在整个救援行动期间严密组织、认真筹划、科学部署，无论是现场搜救还是废墟清理，无论是搜索排查还是遗体清理，无论是基地搭建还是后勤保障，救援队管理层都做到了行动前有分工、有要求，行动中有组织、有纪律，行动后有洗消、有总结，确保了救援行动的顺利开展。特别是在营救幸存者的过程中，针对余震不断的作业环境，救援队设立多名安全观察员、预先设定安全撤离路线、合理布置安全支撑点、采取必要的安全处置措施，确保了救援队全体队员在救援行动期间的安全。

---

[1] 尼泊尔救援行动国际救援队共救出16名幸存者，其中印度11支救援队700余名队员救出11名幸存者，中国国际救援队救出2名，土耳其救援队救出1名，美国救援队救出1名，挪威救援队救出1名。

2.10.4.3　首次承担联合国分区协调任务

联合国在长期的国际救援行动中逐步形成了一套比较完善的协调体系，并且建立起以联合国人道主义事务协调办公室为中心的国际救援协调机制。尼泊尔地震发生后，各国纷纷派出救援队伍赶赴地震灾区。联合国也派出灾害评估与协调队伍和相关工作人员赶赴尼泊尔开展国际人道主义援助。按照国际搜索与救援咨询团指南的规定，联合国在尼泊尔加德满都国际机场抵达大厅建立了接待中心，为抵达尼泊尔的各支国际救援队伍办理注册登记手续，了解队伍能力并建立沟通联络。同时，联合国在灾区建立了现场行动协调中心，每天定期组织召开会议协调国际救援队伍开展救援行动，确保各支救援队伍有的放矢，把有限的资源用到最主要的地方。

根据联合国现场行动协调中心的统计，截至5月3日，共有76支国际救援队伍在尼泊尔地震灾区开展救援行动，其中通过联合国测评的专业救援队伍有18支。联合国与尼泊尔当地政府建立了紧密联系，共同开展了大范围的灾区评估，根据评估情况并结合灾区政府的实际需求、国际救援队伍的能力以及灾区的地理特征和交通条件等因素，对加德满都市区以及外围区域进行了适当的区域划分，将各支国际救援队伍合理地分派到不同区域，并在每个分区指派具有一定能力的国际救援队伍担任分区协调负责人，组织协调分区内的其他国际救援队伍共同开展救援行动。

中国国际救援队作为一支通过联合国测评的专业重型救援队伍，分别在加德满都市区的G区及加德满都外围区域的T区担任了分区协调负责人的角色，也是首次在国际救援行动中承担分区协调任务。4月29日至30日，组织协调俄罗斯、西班牙、法国等救援队在加德满都市区西北部开展搜索排查和遇难者遗体清理行动；5月1日至2日，组织新加坡、俄罗斯、马来西亚、中国深圳山地等救援队在加德满都以西的丹丁白希—博卡拉地区开展联合搜救排查与灾情评估分析等行动。中国国际救援队圆满按期完成了联合国现场行动协调中心分配的任务，充分展示和发挥了队伍的能力和作用，确保了分区内各支国际救援队伍相互协同配合，保证了现场救援工作有条不紊展开，为尼泊尔当地政府高效有序组织实施救灾行动提供了支持和保障，充分展示了中国负责任大国形象。

参考文献

[1] 中国国际救援队.关于尼泊尔8.1级地震救援与恢复重建工作的思考与意见[J].中国应急救援，2015（4）:4–7.

[2] 杜晓霞.尼泊尔地震救援行动中国际搜救队伍的分区协调[J].中国应急救援，2015（4）:12–15.

[3] 张俊，张玮晶，杜晓霞.救援无国界 携手抗震灾[J].城市与减灾，2015（4）:44–46.

[4] 王巍，陈虹.尼泊尔地震灾害及应急救援[J].国际地震动态，2015（5）:15–21.

第 3 章

新形势下国际救援行动思考

3.1 国际城市搜索与救援新形势新要求

3.1.1 国际城市搜索与救援发展简介

1991年，国际搜索与救援咨询团（INSARAG）成立，标志着在国际人道主义援助中的城市搜索与救援进入了一个新的历史时期，告别了城市搜索与救援队伍能力建设没有标准、跨国动员没有机制、现场行动缺乏协调、信息管理没有平台、技术规程不够安全的时代。2021年是INSARAG成立30周年，在过去的30年中，INSARAG一直致力于推动国际城市搜索与救援在方法、机制、技术、协调等各方面的发展，搭建了可供各成员国、联合国机构以及非政府组织之间进行合作与交流的国际性平台。不断的自我完善和调整、科学的理念，使其成为当前在全球范围内公认的引领和支撑国际城市搜索与救援发展的联合国组织。

以下是INSARAG成立以来发展进程中的几个重要时间节点，以及近5年的主要工作动态：

（1）1999年，第一版INSARAG指南和方法正式发布，宣告国际城市搜索与救援标准化发展的开始。

（2）2002年联合国大会第57/150号决议提出要"加强国际城市搜索与救援队伍援助工作的协调和效率"，并明确要求"所有成员国须确保国际队伍的派出和行动根据INSARAG指南与方法开展"。

（3）2005年，第一次联合国国际救援队伍分级测评活动成功举行，匈牙利成为全球第一个拥有符合INSARAG标准的国际重型城市搜索与救援队的国家。截至2020年12月，全球已有国际重型救援队36支、国际中型救援队23支。

（4）2010年9月，INSARAG召开第一次全球会议，会议通过了《兵库宣言》，指出"需要加强国家响应能力"，"建设国家、地方和社区的能力是有效响应的关键"。

（5）2012年，INSARAG的职责得到扩展，强调"INSARAG将继续专注提升其专业性，以支持人道主义援助的不同方面"，并提出在搜救阶段结束之后，国际城市搜索与救援队伍可以根据当地政府的需求开展其他人道主义援助行动。

（6）2015年，INSARAG指南与方法完成全新改版，从之前的1本变成3卷（5册），分别包括了政策、能力建设和现场行动指南，其中在搜救规程方面首次提出了ASR体系（评估、搜索和救援级别）。

（7）2017年，INSARAG正式发布城市搜索与救援协调（UC）工作手册，并面向全球开展UC专业人员的培训。

（8）2019年2月，INSARAG指导委员会提出2020—2025发展战略目标，2020版INSARAG指南草案基本完成，其中主要扩充了城市搜索与救援队伍的国家认证程序（NAP）和INSARAG国家认证程序（IRNAP）。同年，INSARAG对IEC/R核查表进行全面更新，首次加入了国际轻型救援队的测评栏。此外，还正式推出了UC标准化课程体系，以及专属信息与协调管理系统（ICMS）。

受到新冠肺炎疫情影响，2020年INSARAG的许多工作被迫延期，例如2020版INSARAG指南的正式发布、第一支国际轻型救援队的测评。尽管如此，INSARAG还是先后发布了《新型冠状病毒肺炎环境下城市搜索与救援工作指南》和国家认证程序工作组机制。

不难看出，INSARAG在不同的历史阶段有着不同的战略侧重，但推动国际城市搜索与救援的专业化和标准化发展是贯穿始终的。从近5年的动态来看，INSARAG开始更加注重专业水平的进一步提升，标准化的层次和范围更加宽泛，专项的技术指导和信息平台建设更加贴近时代发展的需要。相关技术成果和发展思路为下一个五年战略目标的确定奠定了基础。

INSARAG2020—2025战略目标具体包括：①进一步提升救援能力建设标准质量：INSARAG将专注于全球范围内不同层级（包括地方、国家和国际）救援力量建设标准的提升以及推广工作。②援助模式将更加广泛和灵活：INSARAG将面向更多的灾害援助，例如洪水和海啸；队伍将提供更加灵活的援助，可以是专业模块能力的输出，例如搜救犬、行动协调和医疗援助等。③强化常态下的能力建设，增强合作伙伴关系：更加注重常态下的能力建设和储备，以确保救援行动的效率；同时加强与合作伙伴之间的合作，从整体上强化在区域内的应急准备与协调。

3.1.2　新形势下的新要求

新冠肺炎疫情在全球的暴发，使得当下的国际形势和关系愈发复杂，国际人道主义援助行动的开展遇到了前所未有的挑战，联合国相关机构、国际非政府组织、区域人道主义响应组织以及各国政府都在积极调整应对策略。例如联合国人道主义事务协调办公室管理的联合国灾害应急评估与协调队，已经开始推行专家远程支持的响应模式。而INSARAG也适时推出了《新型冠状病毒肺炎环境下城市搜索与救援工作指南》，并积极筹备和开展专项技能的在线培训工作。

结合当前形势，国际城市搜索与救援发展的新形势和新要求可以归纳为以下三点：

1. 更加注重不同层级队伍能力提升和队伍的标准化建设

从INSARAG提出的金字塔形救援响应框架能够看出，科学合理的国家救援能力结构应该具有不同层级，并设有相对应队伍能力建设和数量的要求。在过去很长的一个历史时期，INSARAG注重发展的对象是各成员国的国际城市搜索与救援队伍，而这些队伍无论是规模还是专业水平都有了长足的发展，并形成了一套行之有效的能力分级测评体系。但实际上，在发生一定规模的破坏性灾害或事件后，绝大部分幸存者是来自民众的自救互救和当地救援力量的救援。专业能力相对强的国际救援队伍虽然能够在复杂的废墟环境下搜索并营救出救援难度较大的幸存者，但从数量上看是相当少的。例如2015年尼泊尔地震救援，参与救援行动的通过INSARAG认证的国际救援队伍一共有18支，但一共才营救出5名幸存者。因此，全面提升各个国家自身的救援能力，包括国家、地方、民间救援力量以及潜在数量庞大的"第一响应人"的能力，是未来发展的主要方向。那么，适当借鉴或沿用国际救援队伍现有的建设理念、标准规范和认定程序，国际救援队伍在管理和技术层面积极引领和帮助其他层级救援力量发展，分享多年救援成果和经验，将是推进不同层级队伍能力全面提升和建设标准化的有效途径。

2. 国际救援任务更加复杂，出队模式需要更加灵活

自2015年尼泊尔地震救援行动后，全球仅有的一次动员了国际城市搜索与救援队伍的地震是2019年11月26日发生在阿尔巴尼亚的6.4级地震。从严格意义上来说，阿尔巴尼亚地震国际救援行动，只是一次局部或者区域的国际救援，因为实际派出队伍到达灾区开展救援行动的都是来自其周边的邻国，主要包括来自法国、土耳其、意大利、希腊和克罗地亚5个国家的8支救援队。在没有大规模地震灾害需要在全球范围内动员国际救援队伍的情况下，随着全球气候变化，面对频发且多样化的自然灾害，各国救援队伍需要做好能够参与其他灾害的国际救援的准备，例如洪水、热带气旋和海啸等，这是未来的一个大趋势，也是INSARAG一直倡导的。多样化的任务需求，是国际救援趋于复杂化的一个方面，而另一个方面则是由于环境的特殊变化，例如新冠肺炎疫情的暴发。有科学家预判，在未来人类社会还会出现更多类似于新冠肺炎全球流行的情况，在这种情况下一旦需要执行国际救援任务，队伍将面临更加复杂的挑战。由此，队伍的出队模式需要更加灵活，可以是单项的专业力量输出，例如上文中提到的犬搜索分队、国际救援协调单元和医疗援助等。

3. 常态下的合作与协调机制建设将更加宽泛和深入

受灾国向国际社会发出援助请求，接受联合国机构、区域组织、非政府组织和其他国家等方面的人员、物资和资金支持时，本国与国际社会之间的合作与协调机制是否能够有效对接和进行适时的调整，是影响救援行动效果的重要因素之一。INSARAG加大力度推进常态下与各个国家、区域以及合作伙伴之间的合作，并且着重于合作与协调机制的建设也是主要基于这个原因。另外，在实际救援任务中，能够对各支救援队伍进行有效协调，实现救援力量使用效果的最大化和相关资源的最优化配置，这将是决定整个救援行动是否成功有效的决定性因素。这需要更加专业的人员、设备、平台、信息管理和协调机制等因素来保障，而这些能力和机制的储备将依赖于常态下的不断完善和强化。

3.2　对中国国际救援队未来发展的几点思考

2021年是中国国际救援队组建20周年，救援队多年的发展和取得的成绩，赢得了党和人民的信任，赢得了国际社会的认可与赞誉。相较于其他国际救援队伍，中国国际救援队有着自身鲜明的特点和优势，包括高效的动员机制、有力的保障体系、严明的队伍纪律、灵活的出队模式等。客观来说，中国国际救援队能够取得今天的成就得益于自身具备的这些特点和优势，而其根源是中国的体制优势，队伍的身后有强大祖国的支持。当然，队伍还存在一些需要改进和完善的地方，例如队伍整体的专业化程度、各项行动程序的标准化水平，以及国际人才梯队培养等。结合当下国际城市搜索与救援的新形势与新要求，中国国际救援队可以着力于以下几个方面继续推进队伍的发展：

3.2.1　整体思路与站位要紧跟国家发展战略

中国国际救援队在国际救援领域地位的不断提升离不开国家的强力支持，而作为中国在国际城市搜索与救援领域的一张名片，队伍发展的整体思路与站位必须紧跟国家的发展战略，提高政治站位，把服务于国家利益放在首位。党的十八大以来，以习近平同志为核心的党中央先后提出了人类命运共同体的全球治理观、"一带一路"倡议，以及中国特色大国外交理念，这些国家发展战略实际上给中国国际救援队在新形势下更好地在国际人道主义舞台发挥作用指明了方向，明确了思路。

3.2.2 进一步提升队伍的专业化与标准化水平，发挥标杆作用

队伍的专业化和标准化一直是中国国际救援队队伍能力建设的两个核心抓手，具体包括了管理、搜索、营救、后勤和医疗五大组成部分的专业化，以及行动程序的标准化，这也是未来发展过程中需要长期持续加强和提升的主要方向。同时，2018年应急管理部的组建，标志着中国应急管理进入了"全灾种、大应急"时代。在全力推进国家综合性消防救援队伍建设的同时，提升跨国境应急救援能力也是新时代大应急体系的内在要求。中国国际救援队应充分发挥其在国际城市搜索与救援领域的标杆作用，积极投入中国国内与国外应急救援整体能力建设的事业当中。

3.2.3 打造更加灵活快速的出队模式和装备方案

能够根据不同的任务需求，快速调整出队模式和装备方案，是中国国际救援队的传统优势之一。随着国际人道主义援助环境的复杂化，中国国际救援队应具备更能适应新形势新要求的出队能力，在已有的不同队伍规模出队模式，以及搜救与医疗两种任务人员和装备方案的基础上，进行优化和扩充，可以是救援先遣队、多领域专家工作组、国际救援协调单元和搜救犬队等。这些出队模式将配有相适应的人员和装备方案，以面向多灾种多需求，形成更加灵活快速的国际援助输出能力。

3.2.4 注重国际型专业人才培养与储备，扩大和深化国际合作

人才储备是队伍能力得以持续发展的核心要素之一。要使队伍保持在国际一流救援队伍的行列，并逐渐进入核心圈，获得话语权，从规则的执行者变成规则的制定者，拥有一批国际型专业人才是必备条件。而根据INSARAG所提出的未来5年战略发展目标，在实际的国际救援行动中目前最需要的是能够胜任国际救援协调单元的工作人员。此外，扩大和深化与包括INSARAG在内的联合国机构、国际人道主义组织以及其他国际救援队伍的合作，使队伍能够

适时了解和学习国际救援的最新进展和前沿技术，保持队伍的国际先进水平，同样有非常重要的现实意义。实际上1999年颁布的第一版INSARAG指南和方法，以及与欧洲部分国家救援队的合作，对2001年完成组建的中国国际救援队而言有着至关重要和非常深远的影响。这也从侧面说明了开展广泛而深入的国际合作对一支国际救援队伍发展的重要性。

附录　中国国际救援队救援行动概略（2001—2017）

序号	时间	灾害事件	出队人数	主要救援成效	国内/国外
1	2003年2月24日	新疆巴楚-伽师6.8级地震	53	救治35人	国内
2	2003年12月1日	新疆昭苏6.1级地震	10	救治50人	国内
3	2005年4月5日	青海门源雪崩	7	人员搜索	国内
4	2008年1月13日	天津蓟县滑坡	8	技术指导	国内
5	2008年5月12日	四川汶川8.0级地震	190	救出49人，清理遗体1080具，救治2373人	国内
6	2010年4月14日	青海玉树7.1级地震	70	救出7人，清理遗体31具	国内
7	2010年8月8日	甘肃舟曲山洪泥石流	80	人员搜索	国内
8	2013年4月20日	四川芦山7.0级地震	200	人员搜索	国内
9	2013年7月10日	四川都江堰泥石流	6	技术指导	国内
10	2014年8月3日	云南鲁甸6.5级地震	100	人员搜索，救出2人	国内
11	2017年8月8日	四川九寨沟7.0级地震	85	人员搜救	国内
12	2003年5月21日	阿尔及利亚6.2级地震	35	救出1人，清理遗体4具，救治170人	国外
13	2003年12月26日	伊朗巴姆6.3级地震	43	清理遗体22具，救治11人	国外
14	2004年12月26日	印度洋8.7级地震海啸	74	共救治近万人，清理遗体69具	国外
15	2005年10月8日	巴基斯坦7.8级地震	89	共救出3人，救治重伤员591人	国外
16	2006年5月27日	印度尼西亚日惹6.4级地震	42	救治3015人	国外
17	2010年1月12日	海地7.3级地震	71	救治2500余人	国外

附录　中国国际救援队救援行动概略（2001—2017）

（续）

序号	时间	灾害事件	出队人数	主要救援成效	国内/国外
18	2010年9月	巴基斯坦洪灾	131	建立野战医院，救治25665人，为灾区提供医疗服务	国外
19	2011年2月22日	新西兰克莱斯特彻奇6.2级地震	10	参与坎特伯雷电视台大楼现场救援	国外
20	2011年3月11日	东日本9.0级地震	15	在大船渡市开展救援	国外
21	2015年4月25日	尼泊尔8.1级地震	67	救出2人，巡诊7481人次	国外
合计			1386		11次国内，10次国外